吉田浩

早稻田大學教授
渡邉義浩——監修　劉姍珊——譯

ガマンガで3時間でマスターできる本

職場孫子兵法

3小時讀懂孫子的職場生存奧義

日本暢銷18年 全新改版

前言——只有擁有真本事才能存活下來的時代已經來臨

大家好，初次見面，我是天才工廠股份有限公司的代表——吉田浩。

這本書是將我在二〇〇二年出版的暢銷書《利用漫畫3小時掌握孫子兵法》（暫譯）重新修訂後的版本。

以目前日本的出版業來看，每年總共有大約八萬兩千本新書出版，其中約有九成的書沒有再版就直接絕版。在出版市場如此白熱化的情況下，《利用漫畫3小時掌握孫子兵法》（暫譯）奇蹟似地持續銷售了十八年。

進入新時代後，就必須要有一本重新修訂解說內容的版本。我在更新這本書的內容時，大幅替換整本書的文字和插圖，讓更多的人可以簡單地理解這些概念。有別於當初出版時主要是以經營者為販售對象，修改後的內容就連一般的上班族、家庭主婦和學生也都會產生興趣。

歷史是能有效辨識是否有能力的手段之一。對於到底是暫時性的，還是可以跨越時代生存下來，歷史是一個非常重要的判斷標準。

順帶一提，日本是世界上「百年企業」數量最多的國家。據說，足足有兩萬五千多家企業經營了超過一百年以上，遠遠超越英國、德國和中國。正是因為持續製作出良好產品的歷史，顧客才會對企業產生信任感。

《孫子兵法》是西元前五百年左右（比耶穌誕生還要早五百年）撰寫而成的兵書。

在這兩千五百年間，有許多政治家都學習了《孫子兵法》的戰略。例如拿破崙在研讀《孫子兵法》後贏得多場戰役。此外，日本戰國時代的武將——武田信玄、上杉謙信、織田信長、豐臣秀吉及德川家康等，也都將《孫子兵法》應用於戰爭中。

中國的毛澤東和越南的胡志明也是從孫子那裡學到治國的方法。隨著時代的變遷，據說，《孫子兵法》也是微軟的比爾・蓋茲的愛書。

跨越時間留存下來的書籍通常都具有通用性。《孫子兵法》的根本概念是「贏得戰爭」，但這些內容也能應用在現代社會。

經營者可以用於經營公司，業務可以用來提高銷售額，甚至也可以用在戀愛、考試以及所有的人際關係。

而且《孫子兵法》還記載了解決人生諸多災難的方法。

接下來，我會將兩千五百年來，跨越時代給予世界各地的人們生存啟示的智慧送給各位讀者。

第1章 帶領他人的「領導能力」

001 一次下一個指示（勿告以言） 014
002 仔細思考後再下命令（善用兵者，役不再籍） 016
003 說話要確實傳達重點（諄諄翕翕，徐與人言者，失眾也） 018
004 保持靈活性（廉潔可辱也） 020
005 相信並把事情完全交給下屬（將能而君不御者勝） 022
006 給予挑戰困難課題的機會（夫眾陷於害，然後能為勝敗） 024

第2章 管理組織的「管理能力」

007 不要受到感情左右（愛民，可煩也） 026
008 提出行動的方針（能愚士卒之耳目，使之無知） 028
009 了解指揮系統（不知三軍之權） 032
010 懂得如何應對下屬（不服則難用也） 034
011 活用能力不好的員工（食敵一鍾，當吾二十鍾） 036

012 賦予下屬現場的指揮權（主曰無戰，必戰可也） 038
013 給予額外的獎賞（施無法之賞，懸無政之令） 040
014 要照顧員工的健康（養生而處實，軍無百疾） 042
015 保持適當的距離（視卒如愛子） 044
016 關心下屬（視卒如嬰兒） 046
017 培養良好的禮儀（士卒孰練） 048

第3章 激發動力的「動機」

018 給予下屬自信心（禁祥去疑，至死無所之） 052
019 傳達出「期望」（故善用兵者，譬如率然） 054
020 應對方法要因人制宜（能因敵變化而取勝，謂之神） 056
021 設定小目標（故兵貴勝，不貴久） 058
022 與每一個人攀談（道者，令民與上同意也） 060
023 為對方留下退路（圍師遺闕，窮寇勿迫） 062
024 工作中加入音樂或節奏（其戰人也，如轉木石） 064

第4章 攻略市場和顧客的「行銷」

025 強化特定領域（全國為上，破國次之） 068
026 光靠預測無法判斷出勝算

（而況於無算乎） 070
027 以對方可以理解的話來說明（言不相聞，故為金鼓） 072
028 確實活用提案內容（厚而不能使） 074
029 分辨真心話和場面話（辭卑而益備者，進也） 076
030 掌握自己和對方的能力（知彼知己者，百戰不殆） 078

第5章 突破困難的「解決問題能力」

031 關注事實（犯之以事） 082
032 準備好後再逼近（投之無所往，死且不北） 084
033 缺點的背後也有優點（凡為客之道，深則專，淺則散） 086
034 下午再處理客訴（朝氣銳，晝氣惰） 088
035 迅速應對問題（兵聞拙速，未睹巧之久也） 090

第6章 加強專業意識的「心態」

036 大喊「做得到！」（勝可知，而不可為） 094
037 不要停下工作的腳步（凡治眾如治寡，分數是也） 096
038 要有成本意識（日費千金，然後十萬之師舉矣） 098
039 將劣勢轉變為優勢（以迂為直，以患為利） 100

040 不要做樂觀的預測（無恃其不來） 102
041 在空間的規劃上下工夫（夫地形者，兵之助也） 104
042 在任何地方都能大展身手（兵無常勢，水無常形） 106

第7章 打造不會輸的團隊

043 思考「怎麼做會比較好」（兵有走者） 110
044 想像目標（有弛者） 112
045 掌握下屬的才能和可能性（有陷者） 114
046 分成多個小組（有崩者） 116
047 指示的內容要明確（有亂者） 118
048 逆轉沒有勝算的情況（有北者） 120

第8章 動員他人的「說服技巧」

049 接受對方的意見（兵之事，在於順詳敵之意） 124
050 專注於傾聽（不知諸侯之謀者，不能豫交） 126
051 了解客觀標準和主觀標準的差異（聲不過五，五聲之變，不可勝聽也） 128
052 從基本事項開始傳達（此兵家之勝，不可先傳也） 130
053 只說對方想知道的內容（勿告以害） 132
054 配合情況使用工具（知兵者，動而不迷） 134

第9章

扭轉局勢的「交涉技巧」

055 把環境當作夥伴（一曰「度」） 136
056 提出對對方有利的提案（能使敵人自至者，利之也） 138
057 引導上司做決定（夫將者，國之輔也，輔周則國必強） 142
058 重要的話題只有一個（並敵一向，千里殺將） 144
059 找出對方真正的想法（半進半退者，誘也） 146
060 不要依賴數量的多寡（兵非貴益多） 148

第10章

獲得競爭優勢的「商業策略」

061 分別使用正面進攻法和奇策（以正合，以奇勝） 150
062 在位子的安排上下工夫（此兵之利，地之助也） 152
063 讓對方決定（齊勇若一，政之道也） 154
064 探詢對方的本意（辭強而進驅者，退也） 156
065 安全方面要萬無一失（無恃其不攻） 160
066 看準不該出戰的時機（知可以與戰不可以與戰者勝） 162

067 做別家公司不做的事（行千里而不勞者，行於無人之地也） 164
068 也要考慮戰後的事情（明主慮之，良將修之） 166
069 最佳的方式會改變（形兵之極，至於無形） 168
070 偶爾要試著展現出演技（善戰者之勝也，無智名，無勇功） 170
071 做到別人無法模仿的程度（微乎微乎，至於無形） 172
072 有取勝的希望再開戰（勝兵先勝而後求戰） 174
073 尋找不戰而勝的方法（不戰而屈人之兵，善之善者也） 176
074 利用藍海策略來決勝負（進而不可禦者，衝其虛也） 178

第11章 將工作往前推進的「情報活用、蒐集」

075 讀懂情報的意思（塵高而銳者，車來也） 182
076 蒐集有用的情報（有因間，有內間） 184
077 建立內、外的情報來源（三軍之事，莫親於間） 186
078 獲取當地的即時情報（不用鄉導者，不能得地利） 188
079 接觸各種情報（鳥集者，虛也） 190
080 客觀地看待調查數據（越人之兵雖多，亦奚益於勝哉） 192

第12章 促使自己成長的「習慣」

081 利用外表來拉開距離（兵者，詭道也） 196
082 展現出威嚴（威加於敵，則其交不得合） 198
083 善用「模仿」（因形而措勝於眾） 200
084 利用第一印象打造良好的形象（形之，敵必從之） 202
085 搶先出手並掌握主導權（善戰者，致人而不致於人） 204
086 改變自己而不是改變他人（不能使敵之必可勝） 206
087 利用空閒時間磨練自己（恃吾有以待之） 208
088 提早抵達現場（先處戰地而待敵者佚） 210
089 無論在什麼情況下都不要遲到（後處戰地而趨戰者勞） 212
090 不要隨著憤怒起舞（將不可以慍而致戰） 214

第12章 在嚴峻的社會中生存下來的「心理準備」

091 也要傾聽批評的聲音（智者之慮，必雜於利害） 218
092 不要安逸於過去的成功（舉秋毫不為多力） 220
093 加強防守（善守者，藏於九地之下） 222
094 對敵我雙方採取相應的策略（用而示之不用） 224

095 冷靜地做出合理的判斷（以此觀之，勝負見矣） 226
096 以擅長的領域來決勝負（能自保而全勝也） 228
097 不要放不下身段（若決積水於千仞之溪者，形也） 230
098 不要窮追猛打（歸師勿遏） 232
099 在緊要關頭使用「紅色」（屈人之兵而非戰也） 234
100 亂中有序（紛紛紜紜，鬥亂而不可亂也） 236

第1章

帶領他人的「領導能力」

一次下一個指示

勿告以言

◆「嘮叨」無法促使下屬行動

「這份文件裡有錯字耶！」
「桌上也放太多東西了吧？」
「領帶歪囉！」
「早上打招呼時聲音有點小喔！」

有些人會像這樣叮囑下屬要注意這個那個。為了讓下屬養成社會人士的常識和禮儀，適當的指導確實是不可或缺的。

但如果聽起來**只是單純的「嘮叨」，那就沒意義了。**聽著這些嘮叨的人只會一邊在內心反駁一邊敷衍地回：「好的，我知道了。」

除了要下屬注意這個那個外，若是在下達指示時同時傳達數個要求，例如「那個也做一做」、「這個順便一起」，會讓下屬感到混亂，最後當然也就不會達到預期的結果。

要想發揮出作為主管的領導能力，就應該反省把話說成嘮叨的自己。而且要釐清「自己想要下屬怎麼做」，並下達清楚明瞭的指示。

◆無論是指示還是忠告都要專注在一件事上

孫子所說的「勿告以言」就是在提倡「在下達指示時，不要說多餘的話或附上不必要的文件」。換句話說，**無論是給予指示還是忠告，都應該限定在一件事情的範圍內。**

舉例來說，在要求修正文件上的錯誤時，只要告訴對方「請修改文件中的錯字」。就算有其他在意的事情，也要先解決文件上的錯字後再處理。此外，若是覺得對方桌子太過髒亂，則只要表示「請收拾一下桌面」，待整理好後再對工作進行評論。

下達指示時要聚焦在一件事情上。就算一次給予多個指示，下屬也不會採取行動。

002 仔細思考後再下命令

善用兵者，役不再籍

◆任意使喚下屬會留不住人才

《孫子兵法》中有句話說：「善用兵者，役不再籍。」以白話來解釋的意思是**上位者應該要仔細思考後再下達指示。**

做不到這點的話，就會面臨失去「人財」的結果。

在日本落語中也有一個叫做「任意使喚妖怪之人（化け物使い）」的故事：

在某個地方曾有個會隨意驅使下人的老人。老人搬到新家時，發現那棟房子是間妖怪屋。連堅持到最後都沒辭職的廚師都因為害怕妖怪而請假，從廚師離開的那天晚上開始，房子裡出現了禿頭和尚、獨眼小僧與無臉怪等妖怪。但老人不僅不害怕妖怪，甚至還很歡迎它們。他開始任意驅使妖怪幫他做事，例如要無臉怪幫他柔肩膀、命令禿頭和尚拔掉屋頂的雜草等。結果，妖怪舉雙手投降，並在表示「受不了被這樣隨意使喚」後逃之夭夭。

◆命令的重點是「方法」

周圍的人在私底下都說某家公司的總務部長「總是任意使喚下屬」。這位部長安排工作的手段非常不理想，新人B整天都被迫到處奔走。

「去跟會計部長拿會議資料。」

「接著拿這張傳票去給營業部的C課長蓋章。」

「很好，辛苦了。啊！對了，可以幫我將這份文件影印三十份嗎？開會要用的。」

「印好了嗎？那就把文件拿去祕書室。」

如此一來，就會來來回回反覆進行明明只要統一下達指示就能一次完成的事情。乍看下，這個說法好像與先前所說的「限定在一個指示的範圍內」相互矛盾，但這兩者其實是相同的概念，也就是「整理清楚要做的事情後再下指示」。

不要零碎地下達指示，要先統整好後再拜託下屬。人材是「人財」，不能隨意對待。

說話要確實傳達重點

諄諄翕翕，徐與人言者，失眾也

◆嘮叨和金錢要同時拿出來才會有效果

有許多人在說話時，話題會超出必要的範圍。

要讓人採取行動，言語確實是必要的。例如，主管透過言語向下屬傳達指示，下屬再按照指示行動。而且，如果沒有言語就無法進行溝通。

但**話說得太多反而會造成反效果。**常見的案例是，一邊說著「我其實不想說這種話」一邊又嘮嘮叨叨地說一大堆。如此一來，就會不小心連不必要的話都說出口，導致下屬光是聽主管講話就感到疲憊不堪。即使是下屬，也不願意一直聽主管抱怨。

其中或許也有人是因為不擅長說話才會愈說愈多。不過，這裡並不是在要求各位一定要「口齒伶俐」地用流暢的說話方式來表達。畢竟也有人用簡單幾句話就能促使下屬採取行動。不如說，在說話時，其實愈簡單明瞭愈好。

◆何謂切中要點的說話方式？

《孫子兵法》中有句話是這麼說的：「諄諄翕翕，徐與人言者，失眾也。」由此可知，無論生活在哪個年代，都應該要注意說話的方式。

日本自古以來就有瞧不起話多之人的風氣。即使在今日，也還是會經常以「巧言令色，鮮矣」和「沉默是金，雄辯是銀」等詞語來形容那些人。因此，最好先掌握日本人與喜歡雄辯的外國人之間的差異。

當然，說話本身並沒有什麼不好，關鍵在於能不能說到重點。我認為**上位者更應該要具備簡明扼要地說出重點的能力**，如此才能順利抓住下屬的心。要做到這點，就必須先彙整好要說的話，因此在說話之前，請盡可能地先在腦中整理清楚。

[為了抓住對方的心，說話時要簡潔地傳達出重點。也必須在開始說話前，先在腦中將要說的話整理清楚。]

004

保持靈活性

廉潔可辱也

◆光講大道理無法讓人採取行動

規則固然重要，但**如果過於嚴苛，在應對上就會缺乏靈活性**，有時甚至會讓下屬覺得主管的想法過於死板。

有位承包商的部長，以個性非常死板嚴肅而聞名。事實上，他指示下屬「不管是出於什麼原因都不要接受」外包商給的中元和年終禮品，有時甚至會要求下屬負擔退回的手續費。

然而，這種清廉的做法只會讓下屬感到疲憊。部長也會親自處理退回的工作，但經常會在下班時間詢問下屬「是否可以幫忙」。在打卡後還要幫忙打包和填單其實讓人感到很吃不消。

部長的意見的確都具有一致性，而且他所說的話也可能是「有道理」的。但如果所有事情都按照這個樣子進行，不僅會議氣氛會陷入低迷，而且下屬們也會失去「再加油一下」的幹勁。

◆主管的五個弱點是什麼？

《孫子兵法》中有一句話是：「廉潔可辱也。」意思是，光顧面子淨說些漂亮話是沒有意義的，若是繼續採取墨守成規的應對方式，就會逐漸失去下屬的心。

順帶一提，孫子認為只要抓住對方的弱點，就能提高獲勝的機會，因此列舉出五個領導者的弱點。

①拚命的類型視野狹窄，容易掉入陷阱。

②惜命的類型容易成為俘虜。

③易怒的類型容易失去自己的步調。

④過於清高的類型如果受到侮辱，往往會失去冷靜。

⑤心腸軟的類型容易原諒士兵的過錯。

其中「廉潔可辱也」是第四種類型。因此，**我希望位居上位的人時常保持靈活性，而不是採取依賴大道理和墨守成規的應對方式。**

［光講大道理無法順利率領下屬。若是一味地做出沒有靈活性的死板判斷，就會失去人心。］

005 相信並把事情完全交給下屬

將能而君不御者勝

◆與其成為優秀的主管，不如成為培養下屬的主管

主管的工作並不只是下達指示，有時也要相信下屬並把事情全權交給他們。

A和B在同一家公司擔任組長。A組長是很有能力的人，屬於會主動率領下屬的類型。B組長是穩重冷靜的人，屬於工作時會聽取下屬意見的類型。由於B組長看起來不太可靠，周圍的人都認為A組長那組的業績應該會比較好。然而，兩年後進行比較時，竟然是B組長取得更好的成績。

為什麼會形成這樣的結果呢？

A組長將自己的做法教給所有的組員，並帶領團隊前進。A組長確實很優秀，但這樣的方式很難培養出超越他自己的人才。另一方面，B組長重視每一位組員的做事方式，因此，每個人都得絞盡腦汁地想出屬於自己的方式，並在成長的過程中培養出自信。

兩位組長對待組員的態度差異，反映在團隊的整體表現上。

◆必勝之人的五個特徵是？

孫子的基本原則為「不戰而勝」。

例如，在闡述戰略的謀功篇，列舉了以下五個獲勝的模式。

①能判斷出該不該迎戰的人獲勝。

②掌握兵力差異，並改變作戰方式的人獲勝。

③君主和將軍、將軍和士兵等上下級都了解共同的利害得失時獲勝。

④善於思考的人會贏過不怎麼考慮大局的人。

⑤君主相信將軍的能力，並將一切交給將軍的話就會獲勝。

「將能而君不御者勝」就是指第五項。**為了發揮出下屬的能力，主管必須將工作交付給員工。**如此一來，最終就會打造出能贏得勝利的團隊。

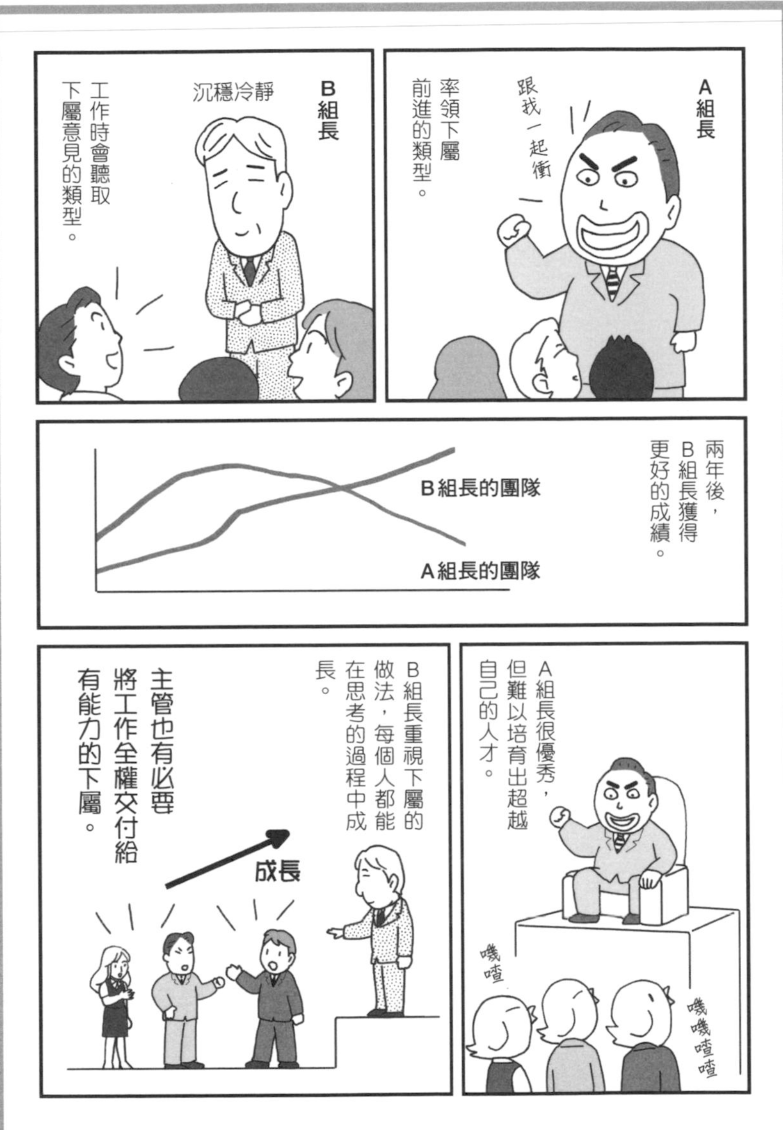

從長遠來看，培養人才的主管更為強大。為了發揮出下屬的能力，偶爾也要試著將工作交給下屬。

006 給予挑戰困難課題的機會

夫眾陷於害，然後能為勝敗

◆培養下屬自信的方法

是否要過度保護下屬的確是一件值得商榷的事情，**畢竟要承擔困難的工作，才有可能大幅地成長。**

N是一位公共衛生護理師，他非常不擅長在眾人面前說話。即便是縣市政府主辦的公衛教室，大多也都是作為前輩的D擔任主持人，N主要是在負責幕後的工作。有一天，D突然有急事必須處理，無法出席，因此N不得不代替D擔任主持人。當天，N光是想像要在一百五十位居民面前說話，就緊張到雙腿發抖。

好不容易結束後，講師稱讚N「主持得很好」，但N完全想不起自己到底說了什麼。後來，N將這件事告訴D，D對他說：「在眾人面前說話也是公衛護理師的工作之一唷！經過這次的事件，你應該比較有自信了吧？」在經歷這件事情後，N的心裡確實產生了**只要去做就能做到**的想法，也許D早就預料到會有這樣的結果也說不定。

◆讓下屬去經歷風雨、見見世面

《孫子兵法》中有句話是：「夫眾陷於害，然後能為勝敗。」意思是，人在陷入危急時，會發揮出超常的能力。日本人有時會以「遇到火災時的蠻力（火事場の馬鹿力）」等諺語來形容這個情況。

此外，比起輕易就能獲得的東西，人們更重視辛苦得到的成果。也就是說，**愈是辛苦完成的工作，獲得的成就感就愈強烈。**

主管應該鼓勵下屬去挑戰那些感覺有點困難的課題，以發揮出下屬的能力，並讓他們覺得工作是有意義的。透過這樣的方式，除了可以發揮出意想不到的能力，還可以增強下屬自身的成就感。

困難的工作中隱藏著成長的機會。愈是辛苦完成工作，獲得的成就感就愈大。

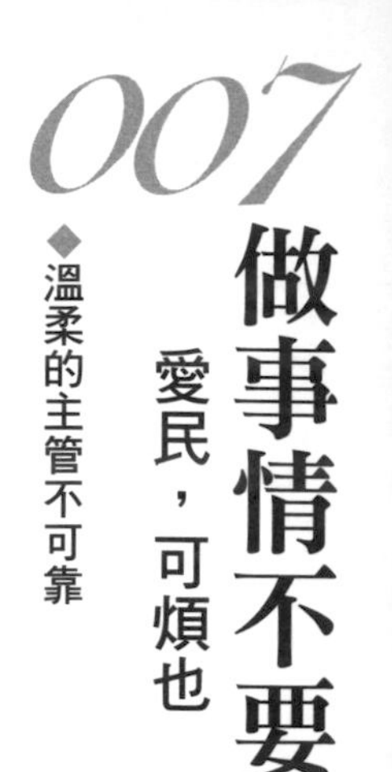

做事情不要受到感情左右

愛民，可煩也

◆溫柔的主管不可靠

工作上也必須要有嚴格的時候。光靠心胸寬大是不行的，畢竟**一個容易受到感情影響，總是溫柔待人的主管並不那麼可靠。**

當然，在下屬犯錯或和違反規定時，將他們逼到無路可退的地步也不是件好事。不過，如果追究的力道太不痛不癢，犯錯的人就有可能會將問題放著不管。接著下屬之間的不滿情緒會逐漸蔓延，並產生「那個人做了那種事還能得到原諒喔？」的想法。

在這種情況下，很有可能會讓職場氣氛變得鬆散。要帶領鬆散的團隊並不容易，最終甚至會影響到那些一直努力工作的下屬，並導致整個團隊毫無紀律可言。

這個道理同樣適用於商業上的交易。L在一家辦公機器設備的製造公司工作，他總是苦於沒辦法對客戶G公司強烈地表達意見。即使對方拖欠費用，他也做不到打電話催款或前往拜訪。但在他拖著不去催促對方時，卻得到G公司倒閉的消息。

由此可知，無論是面對下屬的態度還是與客戶打交道，光靠溫和的態度都不足以解決任何問題。

◆偶爾也要展現出嚴格的一面

孫子有句話是說：「愛民，可煩也。」其中，愛民一詞在這種情況下是指「心腸軟」。整句話可以解釋為「**心腸軟的將領，容易被抓住弱點**」或是「如果（敵軍中）有心腸軟的將領，就應該去抓住他的弱點」。

對下屬寬厚的主管會被員工瞧不起，而且心腸軟會成為弱點，因此如果對客戶過於溫和，有時甚至會對公司造成損害。

擁有溫和的一面固然重要，但作為主管，偶爾也應該要展現出嚴格的一面。

一旦受到感情影響，他人就會趁機鑽漏洞。有時也必須要採取堅定的立場。

提出行動的方針

能愚士卒之耳目，使之無知

◆模稜兩可的指示會引起反彈

主管必須提出具體的行動方針。模糊抽象的口號聽起來很美好，但後續往往不會有具體的行動。不僅如此，有些人在聽到抽象的內容後還可能會覺得反感。

某個新創公司的老闆對員工提議「大家一起提早五分鐘來公司上班吧！」並透過這樣的方式，逐漸改變員工的想法。正因為是具體的提案，員工的想法和行動才會漸漸地改變。若是公司裡的員工大多都是年輕人，或是有工作經驗並充滿幹勁的人，那上位者就更要留意是否有下達明確的指示。

如果是在單獨作業類型較多的公司裡表示「再努力一點」，員工可能會因為覺得「我明明已經很努力了」、「說得好像我們都在偷懶一樣」而對主管感到不滿。

像這樣用抽象的言語來敷衍眾人，可能會被下屬看透。畢竟**透過具體的指示，才能展現出強而有力的領導能力**。

◆如果是具體的指示，就能夠馬上著手處理

孫子曾說過：「能愚士卒之耳目，使之無知。」這句話的意思是「為了避免引起焦慮和混亂，不可以將所有的想法都告訴下屬」。

作戰也是相同的道理，名將不應該採取一樣的戰術，甚至要連我方的士兵都不知道接下來要前往哪一條路。以現在的角度來解釋的話，意思是主管的職責是要正確地判斷什麼要告訴下屬、什麼不該讓下屬知道。

為此，我希望各位**用詞要既清楚又簡單易懂**。重點在於要傳達具體的訊息，例如「讀兩頁報紙」、「用英語打招呼」等，不可以只說「總之大家一起加油」這種模糊不清的話。

行動的指示要具體。簡單明瞭、清楚明確的指示，才能展現出強而有力的領導能力。

第2章

管理組織的「管理能力」

了解指揮系統

不知三軍之權

◆現場因為老闆的干涉而混亂

身為主管必須要先了解現場的指揮系統再採取行動。行動時若是無視指揮系統，就有可能讓現場出現不必要的混亂。

從事製造業的某公司老闆，其口頭禪是「動作快」，有天突然來到工作現場下達各種指示。

老闆前往工作現場本身並不是什麼壞事，但這位老闆一看到不順心的地方就會立即對在場的員工發出指令。有一次，老闆在工廠的生產線繞了一圈，看到倉庫堆滿沒有裝箱的產品。於是轉頭對員工說：「產品就像是我的孩子，你們這麼做難道不會心痛嗎？」並當場要求員工聯絡外包的紙箱供應商。

員工在老闆強硬的態度下發送紙箱訂單。隔天紙箱送達後，負責訂購的人看到這些紙箱嚇了一跳。因為當下還有別的急件要交貨，本來是要求供應商優先提供那些箱子。結果老闆明明不了解情況卻出手干涉，導致現場一片混亂。

◆不要擾亂指揮系統

《孫子兵法》中有句話是：「不知三軍之權。」意思是**如果不了解哪個地方有什麼樣的指揮系統，那就無法做出適當的指示或判斷。**

剛剛提到的公司在其他的部門也發生了相同的問題。因此，各單位的負責人都避免自己做決定，並抱持著「反正老闆都會干涉」的心態等待老闆的批准。

但如此一來，工作當然不可能順利地往前推進。而且頻繁地反覆進行相同的工作或沒有意義的作業，也會影響員工的士氣。

因此，希望不賺錢的公司都能夠藉此機會重新檢視自家的指揮系統。

下達指示的鐵則是要先了解現場的指揮系統。如果忽視指揮系統，就會引起不必要的混亂，造成員工士氣低落。

懂得如何應對下屬

不服則難用也

◆列舉代表範例，有助於統率公司內部

主管第一件要做的事就是面對自家公司的員工。若是不能面對員工，統率公司內部，就無法適當地管理組織。

新上任的營業所長G屬於會聽取下屬的意見後下達指示的類型。不過，因為前所長是會替大家做決定，拉著員工往前走的類型，所有人都早已習慣前所長的做法。

因此，員工普遍都覺得新上任的G不太可靠。相對地G卻認為，大家身為社會的一員，應該可以自己思考、決定工作要如何處理。但如果雙方的態度一直這樣對峙下去，G就沒辦法統率內部的員工。

於是，G先**讓比較熟悉自身做法的E和S，從簡單的工作開始理解何謂「自己決定就好」**。這兩個人本來自主意識就很強烈，所以很快就習慣這樣的做事方式，並向周圍的人說明自己決定有多有趣。半年後，所有的員工都會主動提議「自己想要怎麼做」。

最後大家都習慣了G的做法。而且在那之後，營業所的業績也跟著自然而然地往上提升。

◆在與敵人對峙前，要先面對自己人

《孫子兵法》中有句話是：「卒未親而罰之，則不服，不服則難用。」簡單來說這句話的意思是，在與敵人對峙之前，將領要先面對自己的士兵。

對將領不熟悉的士兵不會老實地服從命令，即使願意服從，在戰場上雙方也沒辦法有默契地行動。而且若是在相互熟悉之前斥責或懲罰士兵，將領就會失去下屬的心。

公司組織也是相同的道理。在與其他公司對峙之前，主管首先要做的事就是**與員工相互了解**。

只要對主管產生親近感，下屬就會老實地行動。在與對手開戰前，首先要與自己的下屬面對面相互了解。

011 活用能力不好的員工

食敵一鐘，當吾二十鐘

◆將沒有用的人才轉變為有用人才的訣竅

如果將工作交給能幹的人，就只會得到預期中的成果。這裡所謂的預期中是指完全符合想像，沒有更好也沒有比較糟。

要促使組織成長，有時也必須要試著讓員工去挑戰。也就是說，**將工作交給自己不抱期待的員工，並要求他們設法找到將扣分轉變為加分的方法。**

舉例來說，鼓勵、培養在工作上失敗或感到沮喪的人，試著讓他們獲取成果。透過這樣的方式，就能將至今為止所扣的分數全部加回來。作為調動組織的領導者，理當要從這樣的角度來給予指示。

另一方面，當從未失敗的優秀人才遇到挫折時，必須給予對方適度的關心，以避免人才陷入沮喪的情緒中。

此外，在關切這些人的心情時，也必須要考慮到是否會對周圍的人造成心理上的影響。

◆活用人才，創造出兩倍的價值

孫子有一句話說：「食敵一鐘，當吾二十鐘。」（一鐘為五十公升）從這句話可以得知戰爭中後勤的重要性。

在孫子的時代，戰爭代表著大量的人民和物品的移動。當時沒有卡車等運送工具，所以還得考慮運送物資所需的時間和精力。從這點來看，若是可以從敵方地區獲得糧食，就可以達到一石二鳥的效果。因為這樣既能確保必要的物資，還能削弱對方的力量。

若要從現代的說法來比喻，可以將物資替換成人才。就算無法奪走敵人的人才，只要可以活用公司內的人才，就能獲得巨大的成果。也就是說，**將扣分轉變為加分，以此創造出兩倍的價值。**

順帶一提，據說擔任豐臣政權的奉行而活躍的石田三成，也是因為發揮出後勤方面的能力而受到重視。

無論是在哪個時代，能夠確保「人才、物品、金錢、情報」等必要物資的人，都是非常重要的。

[好好地培養、活用人才，有助於獲得巨大的成果。藉由將扣分轉變為加分的方式，來取得超越預期的結果。]

012 賦予下屬現場的指揮權

主曰無戰，必戰可也

◆事件發生的地點是在現場

沒有領導者的許可，什麼事都無法決定的公司，已經失去了自己思考的能力，因此並不能說是一個運作良好的組織。

此外，每一件事都要徵求領導者的決定，對工作的推進也會產生不良的影響。而且對現在這個講求速度的社會來說，這種做事的方式毫無競爭力。

在日本某部相當有名的電影中，有一句台詞是這麼說的：「案件不是發生在會議室，而是發生在現場！」這一幕就是在訴說無法在現場下決定的弊病。

而且這種情況在日本社會尤其嚴重，因為日本在過去曾藉由現場的人不做決定，只作為一個忠誠的齒輪運作的方式而獲得成功。然而，時代已經改變，**今後所需要的是速度和現場的判斷力。**

希望組織的領導者具有將事情交給下屬，即使失敗也要勇於承擔的肚量。

◆就算違反領導者意思，也要用現場的判斷決勝負

孫子曾說：「主曰無戰，必戰可也。」如果有十全的把握，就算君主認為不該開戰，也應該要依照現場的判斷來進行戰鬥。

不過，若是處於無法根據現在的判斷來採取行動的情況，那不管遇到什麼樣的機會都沒有意義。因此最重要的是，**平時就要給予下屬「可以自己判斷並戰鬥的舞台」。**即使會稍微受一點傷，仍有助於培育出下一任領導者。畢竟要培養出人才，就得讓下屬反覆嘗試現場判斷和行動。

號稱擁有壓倒性戰力的古國馬帝國軍團，也會將權力下放給現場的執政官。只要有一個可以讓下屬偶爾違反上層的決定，以現場狀況來判斷的環境，自然就能培養出統帥能力。

而且如此一來，也有助於提高第一線人員的幹勁。

最了解情況的是在現場的人。要擁有將事情交給下屬，即使失敗也要勇於承擔的肚量。

013 給予額外的獎賞

施無法之賞，懸無政之令

◆田中角榮的人心掌握術

優秀的領導者在利用下屬原本就有的能力時，也會思考要如何發揮出下屬的潛力，讓他們替自己獲取更好的成績。為此，首先領導者必須要抓住下屬的心。

這時需要的就是「額外的獎賞」。也就是，**藉由給予超出期待的獎賞來抓住對方的心，以取得更好的成績。**

日本第六十四和六十五任的總理大臣田中角榮，就是一位善用額外獎勵的佼佼者。他非常擅長掌握人心，能力之高，甚至被譽為抓住人心的天才。

他的做法中最為世人所敬佩的是贈送「小巧但相當有用之物」的方式，巧妙到甚至在永田町成為傳說。

例如，據說他在前往與隸屬於自己底下的民意代表商談時，會在對方什麼都還沒問的情況下，拿出比對方希望的金額稍微多一點的現金。

當時一定也有其他政治家會根據對方的要求提供現金，但除了田中角榮以外，還有哪個政治家能在對方還沒開口提出之前，就讀懂對方想要的金額，並給予比這個金額還要多的現金呢？

◆領導者要受人愛戴

以田中角榮的角度來看，他在做這件事情的背後，也有加入想要給予對方獎賞的考量。事實上，要順利使出這種招數，前提是平常就得非常了解對方。

在感受到「對方很關心自己」時，首先會讓人覺得很開心，接著因為意外得到比預想多的錢會讓人內心充滿感激，同時也兼具威嚇的效果。

以這種方式逐步累積追隨者的角榮或許是個**「受人愛戴」**的天才也說不定。

為了抓住人心，偶爾要給予超乎對方預期的獎賞。「受人愛戴」有助於帶來巨大的成果。

014 要照顧員工的健康

養生而處實，軍無百疾

◆讓所有的員工都幸福的「健康經營」

作為一家公司的老闆，必須要照顧每位員工的健康。員工身體健康，才能每天努力工作，相對的，如果員工身體不健康，組織就無法順利運作。

有一家廣告代理公司的經營理念是「健康、熱情、人格」。這是前任老闆所制定的理念，但從中可以強烈地感受到，公司不只是關心職員的健康，甚至重視到放進經營理念中的程度。

廣告本來就是一種推動社會發展的工作。前任老闆認為這種工作不應該由不健康的人來負責。也就是說，必須是身心健康的人，才能提供像廣告這種具有公共性的資訊。**正是因為有著健康的身體，才能做好工作，而且不僅想法會更多元豐富，思考方式也會更加靈活。**

近年來也開始有人會使用「健康經營」這個詞彙。

這證明了，有愈來愈多公司知道員工健康的重要性，並願意照顧員工的健康狀況。因此，我認為今後會有更多人認同這樣的想法。

◆士兵無法只靠意志力戰鬥

孫子曾說過：「凡軍好高而惡下，貴陽而賤陰，養生而處實，軍無百疾。」意思是，在安置軍隊時，要避開低窪地帶在高處紮營，而且要選擇陽光充足的南方而不是北方。此外，如果還有注意到飲食是否營養和是否有休息調養，士兵就會身體健康、精力充沛。這就是必勝的用兵之道。

畢竟**士兵不是一次性用品**，無論再怎麼激勵他們，士兵都不可能只靠意志力來持續打仗。只有在士兵健康的情況下，才能夠好好打仗並活用兵法。

從公司的角度來說也是一樣的道理，重視員工的健康是不可或缺的一環。

如此一來，《孫子兵法》就不是紙上談兵，而是基於掌握實際情況的合理性所撰寫的內容。

人不可能只靠意志力來戰鬥。只有在現場人員身體健康的情況下，才能夠好好地打仗。

015 保持適當的距離

視卒如愛子

◆主管和下屬之間「以酒交流的代溝」

對主管來說，要與下屬保持多大距離是一大難題。如果距離太遠，就無法進行良好的溝通，但關係若是太過密切，又會令人感到厭惡。

無論如何，還是必須要在工作和私生活中間劃出一條界線。

在過去，可以透過「以酒交流」的方式來加深與下屬的關係，但現在有很多年輕人不喝酒。即使會喝酒，也有不少人會覺得「和主管喝酒有很多顧慮」。

在加班後，本來是打算慰勞下屬才邀請他去喝酒，但若是因此遭到嫌棄，那就得不償失了。畢竟主管應該要避免在意想不到的地方引起下屬的不滿。

令人遺憾的是，每個組織都有代溝這個問題。**作為主管，必須要理解現在和過去的差異，尋找以酒交流以外的方法。**

如果強迫下屬跟自己站在同一個立場，那就有可能形成職場騷擾。其實只要單純傾聽下屬說話，就可以加深彼此的關係。只要詢問下屬「工作上有什麼困難嗎？」保持舒服輕鬆的感覺，並注意能夠深交的距離感即可。

◆必須要有剛剛好的距離感

孫子曾說過：「視卒如愛子，故可與之俱死。」這句話與下一小節提到的「視卒如嬰兒」有關。在組織中實施「視卒如愛子」的策略時，有時可能會讓對方感到「厭煩」。

每個世代之間多少都會有代溝，**重要的是，在傾聽下屬說話的同時，要展現出沉著應對的姿態。**最起碼不要出現「現在的年輕人都……」的想法。

也許會有人覺得這並不是件簡單的事，但我希望各位主管可以與下屬保持適當的距離，讓彼此之間有空間從容地應對。

無論是在哪個時代都會有代溝。建議保持適當的距離，慢慢地建立良好的關係。

016 關心下屬
視卒如嬰兒

◆「得到關心的感覺」很重要

對下屬來說，能否感受到主管的「關心」是一件很重要的事情。**在心情上得到慰藉後，下屬的內心自然就會產生出努力工作的動力。**

某企業的大老闆曾如此抱怨自家公司的年輕課長：

「我問現在這個課長『有沒有和下屬一起喝過酒』，結果他一臉理所當然地回答『沒有耶』，而且還露出一臉『為什麼非得由我請客』的表情。這個課長已經上任整整一年了，除了他不想試著和下屬聊聊是個問題外，承包商應該有給他商品券和啤酒券才對，他只要用這些優惠券就不用自掏腰包地請客了啊……」

看樣子，老闆的心情應該還要花一段時間才能傳達給課長。

◆老覺得員工像嬰兒嗎？

《孫子兵法》中有句話是：「視卒如嬰兒，故可與之赴深溪。」簡單來說，孫子認為：「如果像疼愛嬰兒般地對待士兵，就算要去危險的地方，士兵也會在所不辭。」在現今的組織中，領導者的態度亦須如此。

理想的情況是，領導者應該要無條件地疼愛自家的員工。不過，能做到這點的領導者寥寥可數。但我希望身為領導者的人，能在心裡的某個地方保有這樣的態度。

平時的言語和態度中也會透露出內心的想法。**既然是位於上位的人，就必須要有疼愛下屬的想法。**因為讓下屬得到「受到關心」的滿足感，有助於贏得下屬的心。

將下屬當成自己的孩子般疼愛，下屬自然就會願意跟隨你。讓下屬得到「受到關心」的滿足感，就能抓住人心。

017 培養良好的禮儀

士卒孰練

◆一流企業的員工擁有良好的禮儀

在商場上，禮儀是不可或缺的專業素養。

從員工的態度可以得知公司的水準高低。因此，公司必須教導員工在家裡或學校中無法習得的禮儀，其中最具代表性的就是商業禮儀。

有些員工在成長的過程中，無論是家裡、學校還是社區都缺乏培養禮儀的功能，所以沒有機會接受禮節教育。在這樣的情況下，公司就必須幫助員工補足這一部分。

某些企業中在進行新人的教育訓練時，不論性別一律都得學習婚喪嫁娶的禮儀和茶道。雖然這些禮儀和工作沒有直接關係，但**透過培養完整的禮儀，可以讓員工意識到自己是「一流公司的員工」**。

而且從長遠的角度來看，讓員工培養禮儀有助於帶來好成果。

◆七個關於哪個國家會獲勝的問題

孫子將以下七點作為比較該國是否能獲勝的標準。

①哪一個君主比較會治理國家？
②哪一個國家的將軍比較有能力？
③哪一邊的地形更有利？
④哪一個國家的法律更完善？
⑤哪一支軍隊更強大？
⑥哪一邊的士兵更訓練有素？
⑦賞罰是否公平？

「士卒孰練」屬於第六個問題。最重要的是，要從寬廣的角度來考慮勝敗。

一個國家並不是只靠強大的軍隊和士兵就能在戰爭中獲勝。相同的道理，光靠業務的銷售能力，並不能成為第一大的企業，也要注重員工的禮儀，培養出一流企業的自尊心。這點也是身為領導者的職責之一。

要給員工機會學習社會人該有的言行舉止，讓他們培養自尊心和自我意識。國家擁有訓練有素的士兵才會強盛。

第3章

激發動力的「動機」

給予下屬自信心

禁祥去疑，至死無所之

◆「反正病」會傳染

鼓勵失去自信的下屬，幫助他們找回自信心是身為上位者的工作之一。

不過，鼓勵也需要技巧。有些下屬很容易就能找到值得表揚的地方，有些下屬卻很難找到可以表揚的地方。

對於這樣的下屬必須要給予額外的照顧。因為沒有地方可以表揚的下屬，大多都已經喪失自信，團隊中如果有這樣的人，會影響整個團隊的士氣。

希望不要讓開口閉口都是「反正我這種人就是……」的「反正病」從一個人傳染到整間公司。

因此，**對於失去自信的人，可以試著只交付他們不用負責任的工作。**重點在於，整個團隊要給予支持，並讓這些人獲得小小的成就感。

在這個過程中，如果能切身感受到「我做得到」的感覺，相信很快就能夠找回自信心。

◆人在感到迷惘時，無法發揮出能力

孫子曾說過「禁祥去疑，至死無所之」。意思是，只要對自身的行為不抱絲毫懷疑，無論到哪裡都能發揮出自己的力量。

尤其是在戰前，若能讓部下覺得穩操勝券、絕對會獲得勝利，那他們就會覺得沒有必要感到害怕。相信大家都能看出，感到迷惘的人與沒有任何迷惘的人，哪邊更積極有活力。

以現代社會來說，最重要的是讓下屬擁有「這種程度我也可以做到」的信心。

每個人都有擅長與不擅長的事情，就連工作的上手速度也都不盡相同。**培養人才的祕訣在於，在理解這些差異後，發現、讚揚每一個人的優點。**

反覆「得到認可」這件事有助於下屬建立自信心，並成為他們更上一層樓的踏板。

最重要的是要給與下屬自信心。培育人才的祕訣是，了解每個人的差異後，找出對方的優點。

019

傳達出「期望」

故善用兵者，譬如率然

◆受到期待的人不會辜負期望

對領導者來說，抓住下屬的心並讓他們回應自己的期望，是一項非常重要的工作。為了做到這點，可以**直接告訴下屬「我很期待你的表現」**，這會非常有效。

關鍵在於要說出來，讓對方知道。

活躍於日本明治維新時期的日本首位內閣總理大臣伊藤博文，是吉田松陰的弟子。然而，伊藤博文起初的表現之差勁，連吉田松陰都大吃一驚。

不過吉田松陰沒有表現出吃驚的樣子，反而不斷地告訴伊藤博文：「你一定會成為大人物。」**人在反覆聽到這些話的過程中，就會產生出想要回應對方期待的心情。**因此，伊藤博文最後成為一位名留史冊的人物。

另外，攝影是在拍照時一直說「很好」、「很棒」，是藉由不斷地讚美來使對方達到自身期望的方式，跟吉田松陰的做法有異曲同工之妙。

這種現象稱為「畢馬龍效應」。在希臘神話中，國王畢馬龍曾經愛上用象牙雕刻的女神像，愛之女神因為他的真誠而感動，遂而在雕像中注入生命，使雕像成為活生生的人。由此可知，驅使女神實現願望的就是畢馬龍的期待。

◆一兵一卒都如大蛇般大顯身手

孫子曾說過：「故善用兵者，譬如率然。」意思是，由優秀將領指揮的士兵，會發揮出如「率然」般的作用。

率然是指棲息在常山中的大蛇，牠是個不好對付的怪物，想要切斷牠的頭時，牠會用尾巴攻擊人，想要切斷牠的尾巴時，牠會抬起頭咬人。

若能如同率然般，在工作上縱橫馳騁，成為讓競爭公司頭痛的組織，那公司就會變得強大。為此，必須要成為可以掌握下屬的心，並讓下屬對自己心服口服的領導者。

人在受到期待時，會努力不辜負對方的期望。打造強大組織的捷徑是，直接表達出期待，進而抓住對方的心。

020 應對方法要因人制宜

能因敵變化而取勝，謂之神

◆女性員工要花三倍的時間來培養

近年來，愈來愈多多女性走入社會。因此，各組織也在絞盡腦汁地思考該如何應對女性。

在管理階層中，有不少人認為面對女性是一件很困難的事。「女性」一詞當然不能用來概括所有的人，但女性確實是需要特別顧慮的對象。對於這些覺得女性難以應付的管理階層，我希望他們可以配合對方靈活地應對。畢竟**如果能配合對方找出適合的培養方式，那作為領導者的能力理當也會提高。**

公認很會培育人才的Y老闆表示：「在工作能力方面，個體差異因素大於性別因素。」另一方面，也有人說：「男性員工和女性員工要用不同的方式培養。」這兩種說法都符合事實。

考慮到這兩點，聽說也有人認為：「要責備女性時，要先找到稱讚的地方後再責備。與女性交談時，也要花上比男性員工多三倍的時間。」像這樣配合對方靈活應對的方式，有助於激發出下屬的能力。

◆公司要隨著時代改變

孫子曾說過：「能因敵變化而取勝，謂之神。」簡單來說，孫子將配合對方採取不同的應對方式並取得成功的行為稱為「絕技」。

不分性別用相同方式來應對本身就是不合理的做法。相信也有一些管理階層想沿襲過去的方式，但那種方式已經不適用於現代。而且**不只是性別的框架，也必須重視個性的部分。**

隨著時代的變化，社會也正在改變。對領導者來說，對這些變化做出反應，並做出適當的行動和判斷，也是一項重要的工作。

儘管不能做到「絕技」的程度，也要嘗試靈活地應對。此外，這樣的態度也會提高作為管理階層的能力。

要根據個人情況來採取判斷和做出決定，而不是只看性別等傳統框架。配合時代靈活應對，是領導者的重要任務。

021

設定小目標

故兵貴勝，不貴久

◆「多拜訪一家」改變未來

在商場上必須先設定好遠大的願景。如果沒有對未來的展望，那就沒辦法看清每天應該要做的事情。

但如果設定的目標太過遙遠，會很難激發出員工的熱情。因此，最好的方式是，對「遠大的願景」進行「分解」，設定成好幾個可以清楚看見的小目標。

就算大目標遠在看不見的盡頭處，**只要一一完成小目標，在不知不覺中就會達到最終的目標。**

H是一位資深的保險業務員，在他剛進這一行的時候，也曾因為業務問題而感到煩惱。甚至因為太過困難而哭泣，並認為「自己不適合業務這一行」。

當時，有一位前輩告訴他：「在打算結束今天的工作時，請再多拜訪一家。」H老實地聽從這個建議。

結果，這個習慣為他帶來卓越的成績。

每天只是多拜訪一家，一年就會累積超過兩百家。當拜訪次數增加，自然就會獲得相應的成果。

◆無法跑到太遠的地方，但可以走到近處

《孫子兵法》中有句話是說：「故兵貴勝，不貴久。」無論是在過去還是現在，戰爭都必須花費大量的金錢，而且長期的戰爭會讓整個國家都疲憊不堪。因此，孫子在這句話中強調，戰爭要在短期內分出勝負的重要性。

這個道理同樣適用於工作方面，**當面對的目標太過遙遠時，當然很難會對此產生出前進的動力。**馬拉松選手也是如此，因為設定了有辦法抵達的終點，並且前方有其他選手，才能產生出努力追趕的能量。

再舉一個例子，日本德川幕府以江戶為起點修建了多條街道，並在街道旁建造多處驛站，但同時也在每隔幾公里處設立一個一里塚（日本古代標示道路里程的土塚）。此後旅行者將這些一里塚當作目標，鼓勵疲憊的自己「走到下一個一里塚再休息」。

如果目標太過遙遠，會很難激發出動力。將大目標進行分解，設定成多個可以清楚看見的小目標。

022 與每一個人攀談

道者，令民與上同意也

◆長宗我部元親在交戰前與士兵談話

提高員工的士氣是領導者的職責之一。

不過，只是向全體人員說「加油」並不是個好辦法，畢竟就算是在許多人面前這麼說，員工也不會覺得是在說自己的事。

如果想要鼓舞員工的士氣，就應該讓他們覺得「要努力的是自己」。為此，**領導者必須與每個人個別談話。**

要做到這點並發揮出效果，不僅要知道每個人的名字，還要掌握員工的私生活和家庭情況。當領導者與員工交談時，提到與對方的私生活或家庭情況有關的話題，就能隱諱地**傳達出「我很重視你」的訊息。**

舉例來說，現在已經是經營管理經理的J至今還清楚記得，剛出社會在第一家任職的公司上班時，老闆曾詢問自己：「令堂的情況如何？」由此可知，驚喜和感動會永遠留在心中。

據說，在日本戰國時代平定四國的長宗我部元親在出征前，一定會和每一位士兵打招呼。而且還會在叫出名字的同時稱讚對方，例如「○○真是個值得欽佩的武士」、「希望○○能展現出色的能力」等。

◆攸關國家存亡的「道、天、地、將、法」

《孫子兵法》中有句話是：「道者，令民與上同意也，可與之死，可與之生，而不畏危。」

戰爭是攸關國家存亡的大事，因此必須從「道、天、地、將、法」這五個條件來進行考量。「道」是指人民與領導者團結一心，並且願意同生共死。

無論是國家還是企業，領導者都必須要具備這樣的心理特質。畢竟**只有能夠讓所有的成員都想著「如果是這個人的話我可以」的人，才能為群體帶來活力。**

加油喔！

只說一句「加油」並不能傳達給每個人，必須要跟每個人個別談話。

不只是名字，談話提到對方的私生活或家庭的話，效果會更顯著。

○○，令堂的情況如何？

他很關心我。

戰國時代

○○真是個值得欽佩的武士。

○○做得很好。

長宗我部元親

為了這個人而努力吧！

兵、將團結一心才能戰鬥。

傳達出「我很重視你」的訊息，最終會為群體帶來活力。

023 為對方留下退路

圍師遺闕，窮寇勿迫

◆令人窒息的職場與能喘口氣的職場

在指責犯錯的員工時，有些人會連珠炮似地講大道理，將下屬逼得走投無路。這樣的行為不僅會讓對方在心裡豎起一道高牆，還可能會營造出令人窒息的環境。

身為領導者，有時也應該展現出對失誤視而不見的肚量，畢竟在職場上如果完全沒有喘口氣的空間，那員工就沒辦法自在地工作。

某公司與K公司已經合作超過十年以上，有次，某公司的Y課長因為K公司沒有準時繳交款項而致電給對方。K公司的會計部長M對Y課長表示：「可能是敝公司的電腦出現錯誤，部分匯款程序沒有運轉成功。因為還要跟銀行核對，是否可以寬限一點時間呢？」

聽起來很明顯就是在睜眼說瞎話，但對方一直以來都是個相當優良的客戶，所以Y課長決定特別予以書面批准。

一個月後，M部長來訪時對Y課長說：「其實當時資金不足，支票無法兌現。很感謝Y願意釋出善意等我們處理好，真的是幫了很大的忙。」

結果從下個月開始，K公司連其他公司的訂單都轉交給Y課長的公司。

◆事先留下退路才是上策

孫子曾說過：「圍師遺闕，窮寇勿迫，此用兵之法也。」這裡的「闕」是指像排氣孔一樣留下間隙。**即使包圍了敵人，也應該要留下一點縫隙，以確保逃跑的路線。**

「窮寇」則是指被逼入絕境的敵人。俗話說「狗急跳牆」，你永遠都不知道被逼到走投無路的敵人會做出什麼事。為了避免出現對雙方而言都沒有意義的消耗，事先留下退路才是上策。

不可以把敵人逼得太緊。

事先確保逃跑的路線。

你永遠都不知道被逼到走投無路的敵人會做出什麼事，應該要避免無謂的消耗。

拚命

斥責下屬時，也不可以講大道理將對方逼到走投無路。

大道理

【在追究、斥責時，要留出一點讓對方逃跑的空隙，避免無謂的消耗。】

024 工作中加入音樂或節奏

其戰人也，如轉木石

每一首歌的節奏都與工作契合，例如船歌配合划槳的動作、追分曲配合馬匹的步伐等。

這類型的音樂不僅僅是為了忘卻工作的艱辛，藉由音樂帶來的各種功效，也有助於提高工作的效率。

◆音樂會對工作帶來良好的效果

若想要為工作注入活力，有時可以借助音樂的力量。事實上，很多工廠和辦公室會根據場所和目的來活用各種音樂。

也有數據顯示，在進行純勞力的工作時，**比起沒有音樂，在有音樂的情況下，效率明顯會高上許多。**而且音樂帶來的效果非常多元，例如可以趕走睡意、轉換氣氛，以及提高專注力等。

福音音樂曾在過去掀起熱潮。這種音樂原本屬於黑人音樂，由作為奴隸被帶去美國的人在工作時哼唱的歌曲。這些歌曲的內容之所以大多都在讚美上帝，是由於在財產和身分地位都得不到保障時，信仰成為這些人的心靈依靠。相信有很多人都是因為這種簡單又強大的力量而深受感動。

日本的民謠大多也都是勞動歌曲。是人們在砍樹時、為穀物去殼時、織布時、拉繩子時不斷哼唱的歌曲，因此，與日常的工作相同，**失敗或沮喪時也能善用音樂。**

◆心情低落的時候就來首抒情歌

《孫子兵法》中有句話是說：「其戰人也，如轉木石。」

不過，要注意選擇的曲子。有些人認為心情低落時最好聽一些歡樂的歌曲，但其實氣氛輕快的曲子和低落的心情之間的落差太大，一時之間會讓人難以接受。

因此，心情不好時建議選擇安靜的抒情歌會比較好。藉此讓內心冷靜下來，成為重振精神，再次挑戰的契機。

音樂具有為工作注入活力的效果。要仔細選擇並有效活用音樂。

第4章

攻略市場和顧客的「行銷」

025 強化特定領域 全國為上，破國次之

◆專注於突破一個點，就能成為國際性的企業

使公司成長是領導者的責任之一。

但**為了謀求業務上的發展，冒著可能危及公司存亡的巨大風險，是非常危險的做法。**

N公司是在日本國內擁有壓倒性市占率的香料製造商。該公司從母公司分離出來後，開始以驚人的速度成長，進而成為市占率第一的公司。

包括古典線香在內，N公司還有販售許多用於室內的香料等具現代性和獨特性的產品。

一直以來，這家公司的創始人都將業務重點放在香氣上。除了批發商等現有的銷售渠道外，也在大都市開設直營店，並從室內裝飾、環境和時尚單品的角度向消費者提供香氣上的選擇。

正因為擁有如此優秀的判斷力，N公司才得以擁有現在的發展和穩定。而且N公司也已經開始著手進軍海外，例如，收購歐美的香料公司，並將其納為自己的旗下公司等，成長速度相當地快。

也難怪N公司會成為世界知名的國際性企業。

◆獲得勝利並非最好的方式

孫子曾說過：「全國為上，破國次之。」這句話的意思是，無論贏得多少戰役，只要國家衰敗，一切都沒有意義。

因為戰爭變成荒地的原野，需要花費很長一段時間才能夠恢復成原本的綠地。因此，無論如何都得開戰的話，最好是在不破壞國土的前提下進行。

就算不看非洲各地和阿富汗也能知道，戰爭會摧毀國土，使國民成為難民。而且成為難民的人們沒有生產的能力，只能等待援助。

早在兩千五百年前就已經有人開始對人類的愚蠢行徑進行警告，但人類至今仍在重複做著相同的事。最好的方式其實不是贏得戰爭，而是發展國家。

［首先應該要做的事情是發展組織。因此，要避免會威脅到組織存亡的挑戰。］

026

光靠預測無法判斷出勝算

而況於無算乎

◆為什麼製造商的挑戰會失敗？

打仗必須要有勝算，同時也得嚴密地調查這個預測出的勝算是否正確。

舉例來說，T油脂作為OEM（原有設備製造商）為許多大型企業製造產品，在業界擁有非常良好的名聲。公司經營的路線是「以合理的價格製造產品」，所以業績一直都很理想。

有一次，T油脂試圖打進以消費者為主的產品（美容液）市場。畢竟以T公司的技術，做出來的產品絕對不會輸給市面上的任何產品。而且就連價格方面，也調整到市場可以接受的範圍。

然而，最後的結果卻相當淒慘。做好萬全準備後上市的新商品，銷售情況比預期的還要糟糕。

產品本身只使用對肌膚沒有刺激性的原料，而且防腐劑的用量也控制在最低限度，因此得到女性員工一致的好評。不過，涉及到塗在肌膚上的美容液時，女性就會變得格外地謹慎。以這點來看，當然敵不過大品牌帶來的安心感。

業界內的交易與一般消費者的市場完全是兩件事，不能混為一談。如果是拜訪銷售，客戶還可能基於對賣方的信任購買產品，但陳列在店面時，根本不會有人伸手去拿不知名製造商所推出的美容液。

可想而知，這些滯銷的新產品最後都遭到量販店退貨。

◆有勝算，但算式錯誤

孫子有句話是說：「而況於無算乎。」意思是，在毫無勝算的情況下打仗，根本就是魯莽的行為。就算因為覺得有勝算而去打仗，但如果是基於錯誤的計算而做出的決定，那得到的結果跟前者當然不會有任何的不同。

因此，**除了預測是否有勝算外，也要確實調查這個勝算是否正確無誤。**

T油脂也是基於錯誤的勝算而導致失敗的例子。也就是說，只靠預估的勝算來行動，失敗率自然會高。

不能只憑大致上的預測來決定勝算，也要有審視自己的決定是否正確的勇氣。

027 以對方可以理解的話來說明

言不相聞，故為金鼓

◆洗碗機賣不出去的真正原因

如果想要讓消費者購買自家公司的商品，就必須要用「顧客可以理解的話」來推銷。

有一家機器製造商製造了一台家用洗碗機。這台洗碗機不僅體積小、機能優秀，而且價格還很合理。然而，實際的銷售情況並不理想，但後來卻因為某件事，在市場上颳起大賣的風潮。

起因在於，有位ＯＬ在店面宣傳活動中收到洗碗機的傳單時，喃喃自語地說：「不知道我家的流理台放不放得下。」

對她來說**比起具體的「尺寸」，她更想知道「家裡放不放得下」**。

業務回到公司後立即與負責人討論這個問題，並決定重新製作傳單。將機器的特寫照片換成機器放在標準流理台旁的照片，讓消費者可以想像放在廚房裡的樣子。

此外，對於開支的說明，也將「耗電量」改成「每月電費」，以便消費者與其他電器產品進行比較。藉由列表的方式設計出「不用思考就能看懂的傳單」。

兩個禮拜後，庫存全都銷售一空，該公司的小型洗碗機就這樣成為當年度的熱銷商品，甚至還被刊登在商業週刊的專欄上等。

◆公司內部的用語無法傳達給顧客

《孫子兵法》中有句話是：「言不相聞，故為金鼓。」戰場上既吵雜又混亂，無論喊得多大聲士兵也聽不到。因此，才會使用旗幟和鐘鼓來傳遞信號。

在戰場上大喊大叫就像是對顧客使用公司內部用語和專業術語一樣。如果對方聽不懂，那不管說什麼都沒有意義。**如果真的想要傳達出去，那就得用對方可以聽懂的話來說明。**

[真的有話想說時，要用對方也可以理解的話來說。]

確實活用提案內容

厚而不能使

◆那個意見箱不就只是擺好看的嗎？

有很多企業和團體都會蒐集顧客的建議和意見，但如果只是單純擺擺樣子，就會導致完全相反的結果。

無論怎麼提議都沒有任何回應，提出意見的人就會對此產生不信任感。因為對積極提出意見的人來說，沒有回應會使期待值的指針轉向負值。

舉例來說，某家醫院會公開部分諮詢和意見的內容，**並將回覆和改善經過的報告直接張貼在意見箱的旁邊。**例如，收到「工作結束要探望母親時，由於商店關店的時間太早，導致我沒辦法購買東西」的意見時，會做出「向業者提出建議後，對方決定調整員工的工作班次，讓營業時間從下個月開始延長一個小時」的回覆。

像這樣張貼改善的公告，提議的人就會感到心滿意足。企業的提案制度也是一樣，除了表揚提案的數量，也要透過企業期刊等方式確實追蹤之後的過程。如此一來，企業的誠意才能傳達給企業外面的人。

◆重要的是回饋的力量

孫子曾說過：「厚而不能使。」意思是，無論看起來有多好，如果不實際使用，就沒有任何意義。

對於光是設置「意見箱」就滿足的企業和團體也一樣。在政府機關和工廠經常可以看到意見箱，但不清楚到底有沒有在使用。

重點在於要努力表現出有在活用提案內容的樣子，並利用可以理解的方式給予回饋。不要只做做樣子，應該要採取有實質性的措施，以避免讓這個難得的活動帶來負面的效果。

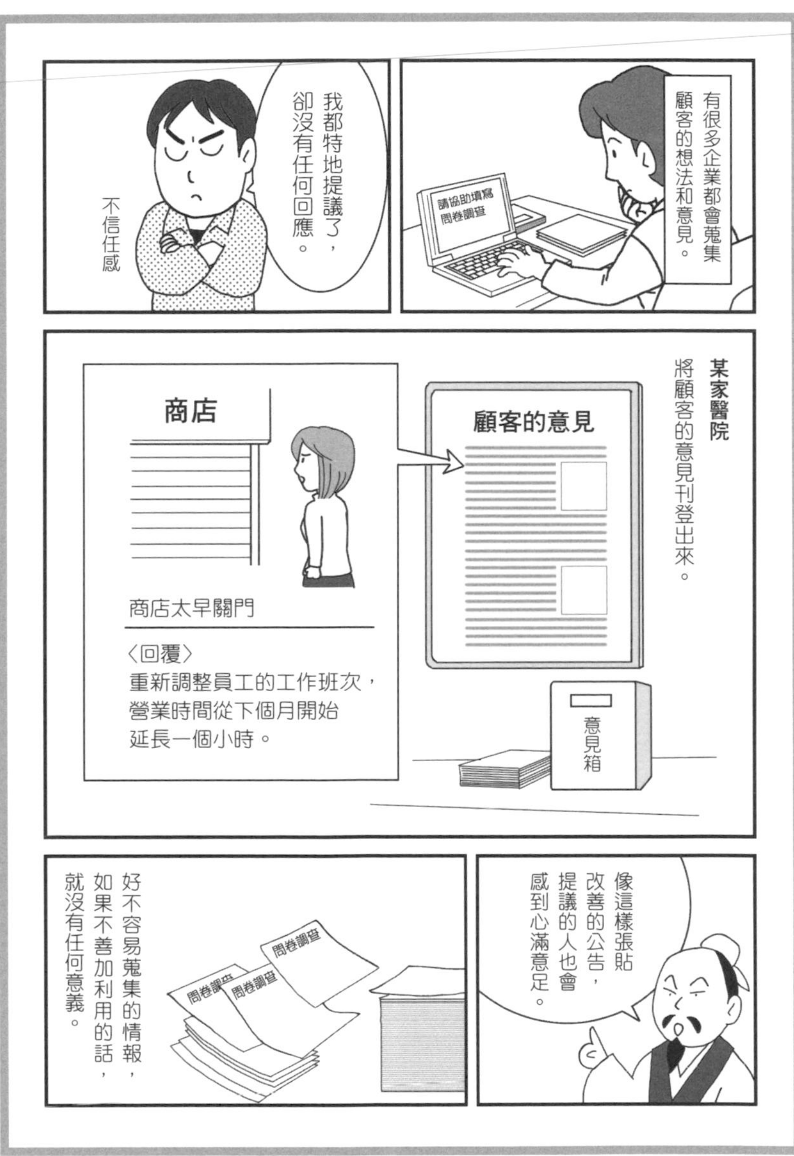

無論看起來有多好，如果沒有得到相應的結果，也會逐漸失去人心。因此，建議要採取有實質性的措施。

029 分辨真心話和場面話

辭卑而益備者，進也

◆洞察對方是在說真心話還是場面話的祕技

在日本社會中，到處都充斥著真心話和場面話，在這些話的背後，主要是考慮到是否可以順利推進雙方之間人際關係。

例如，委婉拒絕的代表用詞是「我考慮一下」。有時是真的在表示需要思考的時間，但有很多情況是表面上說要考慮，實際上是在委婉地拒絕，此外也有可能是在表達「你再去想出更好的條件」。

如果是在協商事情，有時可以透過找到彼此願意讓步的底線來得出結論；若是預算的問題，就針對價格進行交涉。無論是什麼情況，只要找到其中的真心話，就能讓談判順利地進行。

當對方含糊其辭或遲遲不回答時，**除了言語外，也要從整體的情況和事情的原委來解讀對方到底是在擔心什麼。**

另一方面，對方答應得莫名乾脆時，可能在某個地方藏有真正的意圖。對方態度出現一百八十度大轉變時也是，請試著找出他的真心話和場面話。

◆利用蒐集情報來避開對方的意圖

《孫子兵法》中有這麼一句話：「辭卑而益備者，進也。」意思是，敵方派使者前來，對方的言詞十分謙遜，表現得好像沒有戰意一樣，但其實敵人的陣營似乎正在準備打仗，無論怎麼看，都沒有要老實停戰的樣子。

也就是說，試著找尋對方的真實想法後就會發現，他們可能是在表示，為了達到目的會不惜開戰。要不然就是，這是想要讓我方掉以輕心後大肆進攻的戰術。無論哪種，只要找出真心話和場面話，就能避免輕易上當。

當然，要輕易理解對方的真實想法並不容易。因此，**每天都必須蒐集情報，並觀察敵對陣營的情況。**

要了解對方的想法並不容易，所以要每天蒐集情報，以分辨出真心話和場面話。

030

掌握自己和對方的能力

知彼知己者，百戰不殆

◆情報管理是指「了解」細節

詳細掌握自己和對方能力的人，必在戰爭贏得勝利，這個道理也適用於商業界。

以手工編織高級地毯聞名的P公司遵循伊斯蘭教國家的傳統，由一家之主（老闆）掌握絕對的權力。因此，就算兒子是負責日本銷售的分公司老闆，在父親面前仍然完全抬不起頭來。

這位父親就像是傳統露天市場的商人，既不懂會計也不知道帳本情況。但據說，他完全記得自己經手過的地毯長什麼樣子，從顏色到花紋都清楚烙印在腦海中。

事實上，他每年都會前往日本幾次，每次都會詢問兒子「五年前購入的藍色系宮廷圖案的地毯是在哪裡賣掉的？」等問題。在這樣的問題面前，倉庫負責人不可能有機會在庫存數量上動手腳。

這種方式中蘊含著伊斯蘭商人一旦建立起信任感，就算是口頭約定也絕對不會反悔、背叛的規矩和自豪感。

如果這樣的習俗成為「情報管理」的基礎，那就會是其他公司所沒有的優勢。

◆只要知道一半就代表贏一半

「知彼知己者，百戰不殆」這是一句廣為人知的話。後面的內容是：「不知彼而知己，一勝一負；不知彼，不知己，每戰必殆。」

意思是，只了解自己的人，在戰爭中可以贏一半，同樣地，只了解對方的人也能贏一半。但兩方面都不了解的人，會輸掉所有的戰爭。

這就是**了解的重要性**，也就是**情報的重要性**。

順帶一提，這裡所說的「了解」包括能力、意志、環境、氣候和相關人士的支持等各種條件。**不要只從表面了解自己和對方，應該要從更廣泛的角度來進行考量。**

【要從廣泛的角度來獲得自己和對方的情報。深知情報重要性的人必會贏得勝利。】

第 5 章

突破困難的「解決問題能力」

關注事實

犯之以事

◆就算追究責任，也沒辦法解決問題

公司內部發生問題時，有很多主管都會問：「是誰做的！」並試圖找出罪魁禍首。

在找到負責的人後，他們會訓斥造成失誤的下屬：「同樣的錯誤你要犯幾次！」

但如果只是一再重複這樣的過程，問題永遠都不會得到解決。

舉例來說，在生產多種零件的公司裡發生了誤將A零件搞錯成B零件的事件時，主管大吼：「這是誰做的！」並在找出犯人後不分青紅皂白地怒斥：「你又出錯了！你沒看注意事項嗎！」遭到訓斥的人在當下只是一直害怕地道歉。

之後追究責任的人心滿意足地表示：「下次小心一點。」而被警告的人姑且在現場反省一下，接著就回去繼續工作。所以在這個事件中可以得到什麼？什麼都得不到。要說的話，就只是得出「找到犯人並警告對方」的結果而已。

真正解決問題的方法是，抓住「為什麼會發生問題？」的「核心」並做出適當的處理。如此一來，才能防止類似的問題再次發生。

◆清楚調查出「為什麼會發生問題？」的原因

請試著想像顧問的工作。

顧問會追究的是造成問題的原因（事實），而不是引起問題的罪魁禍首。

也就是說，不是找出犯人進行責問，而是思考**「為什麼會發生這樣的事？」以及「要怎麼做才能夠預防？」。**

這才是解決問題的捷徑。

孫子曾說過：「犯之以事。」將其中的「事」解讀為「事實」後就能解釋成，在任何情況下，最重要的是確實掌握事實。唯有了解問題才能解決問題。

就算追究責任，問題也不會得到解決。應該將重點放在「為什麼會發生」並努力防止再次出現類似的問題。

032 準備好後再逼近

投之無所往，死且不北

◆讓士兵團結一心的方法

為了發揮出員工的潛力，有時也必須反過來逼迫他們。透過步步逼近的方式來製造出「只能硬著頭皮去做」的情況。

在心理學的實驗中也證實了，在有逃生路線時更容易發生恐慌，畢竟當眼前只有一條路時，所有人都會紛紛朝著那條路湧過去。

古羅馬時代的凱撒似乎就很了解這種人性。他在率領士兵登陸英國時，一舉燒毀搭乘的船隻，藉此**營造出「只能往前進」的氛圍，讓士兵團結一心。**

不過，用在工作方面時必須更加謹慎。在沒有遠景和準備的情況下一味地逼迫員工，就只是欠缺考慮的行為而已。

制定計畫時應該要經過深思熟慮，當然，也必須要做好實際執行的準備。

正因為有水壩攔住水勢，在打開水壩讓水一口氣沖出去時，才有辦法連岩石都沖走。

所以不能只是逼迫，**要先透過準備和訓練來累積力量，再有計畫性地一步一步往前逼近。**

◆「背水一戰」也需要精力和體力

孫子有句話是說：「投之无所往，死且不北。」意思是，如果深入敵營來到無處可逃的地方，士兵反而會冷靜下來，並且就算面對死亡也會毫不畏懼地戰鬥。

中國故事中的「背水一戰」也是一樣的思考方式。差異在於這句話是指「在被逼到不得不做的情況時，自然就會發揮出力量」。

相對的，孫子的話中還有一層意思「如果要派遣軍隊，那就應該確保有足夠的糧食，而且要讓士兵確實休養，以獲得充沛的體力和精力」。正因為是以這點為前提，士兵才能在絕境下發揮出全力。

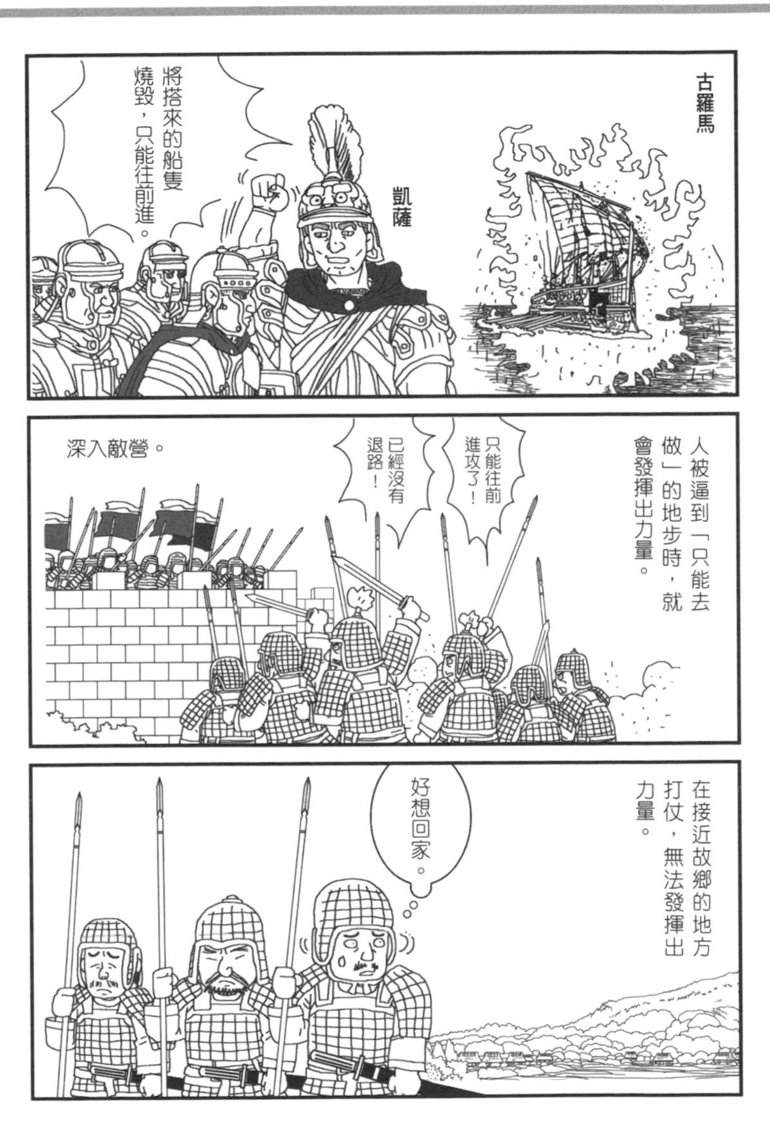

人在受到逼迫時會發揮出潛力。不過，為了達到這個目的，必須要先透過充分的準備和訓練來累積力量。

033 缺點的背後也有優點

凡為客之道，深則專，淺則散

◆向日本都營巴士學習廣告策略

乍看下似乎是缺點的事情，換個角度來看也有可能是優點。最重要的是，是否能用靈活的角度來看待事物。

以下以日本東京都的都營巴士所進行的廣告策略為例。都營巴士從某個時候開始會在車身上張貼廣告，而且還大幅增加廣告可使用的面積。因為是用廣告專用膜包裹車身，所以在日本稱為「包膜公車」。

在此之前，比起都營巴士，大家都會選擇地下鐵或自用汽車來代步，但在這樣的合作下，都營巴士作為廣告媒體再次受到關注。一般來說，看到廣告的人愈多，廣告的單價就愈高，這也是為什麼黃金時段的電視廣告費用較為高昂的原因。

如果只從「載客移動」的角度來看公車，那永遠都無法產生出這樣的構想。**都營巴士就是透過改變視角，將公車視為「移動廣告」，才能產生出新的價值。**

多虧如此，曾經行駛的路線在營收方面出問題的公車，現在也搖身一變成為賺取最多廣告費的龍頭。

◆愈深入敵營，注意力就愈集中

孫子曾說過：「凡為客之道，深則專，淺則散。」

考慮到戰爭中的運輸和與故鄉的通訊，通常都會覺得深入敵區打仗對我方比較不利。但**換個角度來看，這同時也是個機會。**

遠離家鄉的士兵一旦進入敵區，就會產生出「想早點打贏回家」的想法。也就是說，可以幫助士兵將注意力放在打仗上。

另一方面，如果距離離家鄉很近，士兵的心就會放在家人上，甚至會想說「順便去看看他們」，導致沒辦法專注於打仗。由此可知，改變看事情的角度，對事物的看法會跟著出現變化。

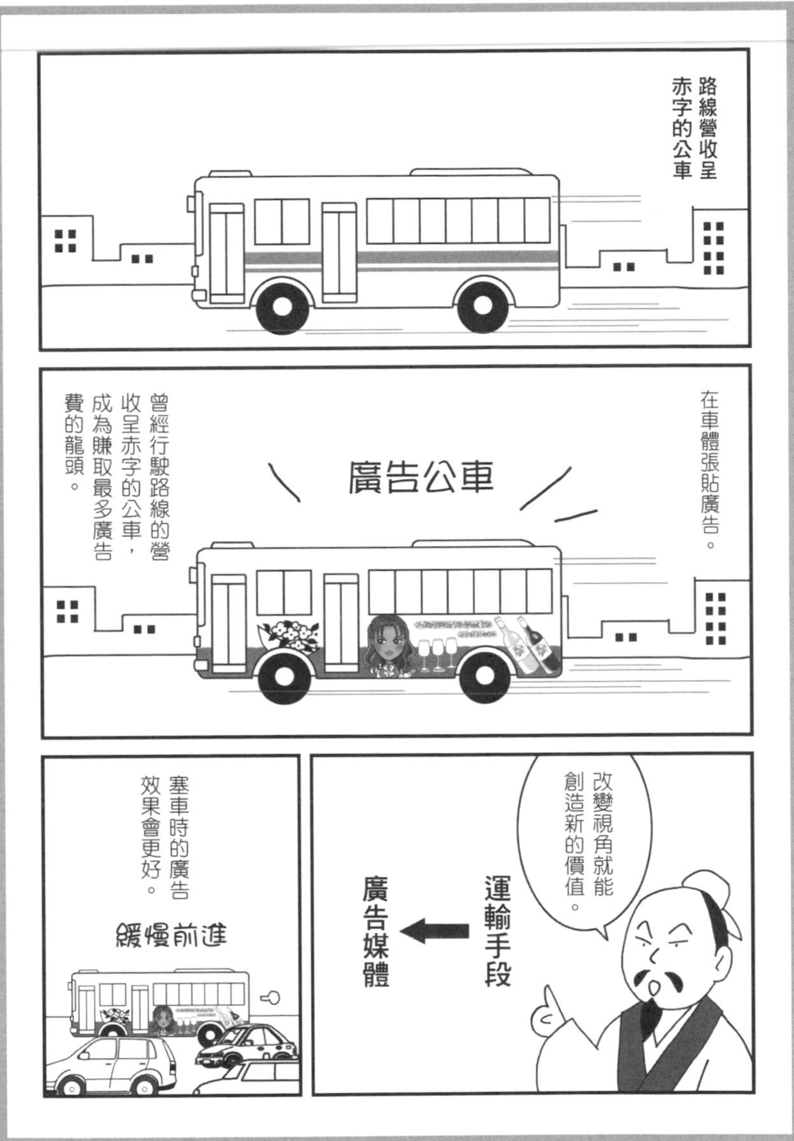

乍看下似乎是缺點的事情，換個角度來看就會變成優點。最重要的是要用靈活的視角來看待事物。

034

下午再處理客訴

朝氣銳，晝氣惰

◆事務工作要在早上完成

一個辦事能力強的上班族，會趁著早上頭腦清醒的時候完成事務工作。

而且在結束上午的工作後，會在容易想睡覺的下午做些需要活動身體的工作。例如拜訪老客戶或是整理舊文件等。

在工作上，必須要擁有像這樣的**「看時機能力」，其中也包含自身的身體狀況。**

有一位資深業務在處理客訴問題時，會等到下午的第一時間再到對方那裡妥善應對。

一般來說，遇到客訴就應該要以最快的速度處理好，但這位業務考慮到對方的情況，避免在早上處理客訴。此外，他還避開中午前因為飢餓感到煩躁的時間，以及傍晚感到疲憊想回家的時段。最後，他是在吃完午餐，血液為了消化在腸胃中循環的時候，也就是下午的第一時間前往處理。據說，如果是在這個時段，即使是相當麻煩的事，得到原諒的機率也會提高。

由此可知，工作時不只是自己的身體狀況，也要考慮到對方的情況，這樣才能取得比預期中更好的結果。

◆在對方專注力渙散的時間進行拜訪

《孫子兵法》中有句話是說：「朝氣銳，晝氣惰。」意思是，**人的內心在早上比較敏銳，下午會開始鬆懈，到了傍晚則是會強烈地想要休息。**

應該有很多人在吃完午飯後專注力會下降吧？在了解到這點後，就應該要提前安排好工作的時程表，避免在下午處理事務工作。

應對客戶也是相同的道理。只有在容易鬆懈的下午拜訪，才能找到活路，而不是在對方精神敏銳的時間前往打擾。

因此，工作進展不順利的人，不妨參考一下孫子的話，重新檢視自己運用時間的方法。

早中晚適合處理的工作類型都不同。試著根據這些差異，重新檢視自己運用時間的方法。

迅速應對問題

兵聞拙速，未睹巧之久也

◆客訴應對的關鍵在於初期的行動上

客訴應對的關鍵在於速度。就如大家所說的「初期行動很重要」，**在適當的時機行動，就能將危機化為轉機。**

有一次，某個服裝營業課收到「西裝縫製有問題」的客訴，而且同一天出貨的商品，也有其他顧客提出類似的不滿。看樣子應該是工廠的收尾工作出了問題。

負責人F馬上趕到專賣店J。另一方面，E選擇先打電話給工廠，讓他們準備好已經檢查完畢的商品，並在隔天拿著禮盒到MODE HOUSE H那裡賠罪。結果如何呢？

得到顧客原諒的是F。

精品店J的老闆表示：「馬上就趕過來的態度很好。」MODE HOUSE H的店長則表示：「有準備替換商品是很好，不過還是希望能馬上趕過來。」由此可知，**事前準備固然重要，但迅速的行動往往有利於找到解決之道。**

◆織田信長以「拙速」得天下

孫子曾說過：「兵聞拙速，未睹巧之久也，夫兵久而國利者，未之有也。」

雖然大多用於「士兵崇尚拙速」的情況，但就戰爭而言，雖然不能稱為是最好的方式，無論如何，迅速行動總是比較好。

在桶狹間之戰中，只有兩千名兵力的織田信長擊敗擁有兩萬五千大軍的今川義元，也是因為他冒著生命危險，採取雨中的奇襲戰法。

孫子認為戰爭是一種「必要的惡」，並反覆強調「在逼不得已只能開戰時，也要了解戰爭帶來的危害，並努力在短時間內結束戰爭」。因為長時間的戰爭會為雙方帶來巨大的損失。

事前準備固然重要，但有時得把速度擺在第一位，才能找到解決之道。請根據業務的種類做出適當的判斷。

第 6 章

加強專業意識的「心態」

036 大喊「做得到！」

勝可知，而不可為

◆試著將「做不到」轉變為「做得到」

即使認為應該做點什麼，還是會有很多人表示自己「做不到」。但這麼一來，無論過了多久，都無法成為一個工作能力好的人。

舉例來說，要向討厭的人低頭其實很簡單，只要將上半身往前彎即可。

那為什麼做不到呢？問題就在於內心。

也就是說，內心抗拒應該要做的事情，所以其實不是「做不到」而是「不想做」。**人類會因為心情而對行動設限，但絕對不可以感情用事。**遇到這種情況時，請換個角度來看待事情，試著**用心來往前推動**，而不是用心來阻止。

具體來說，因為言語中有一種名為「言靈」的力量，可以嘗試說出一些積極正向的話，例如「我做得到」、「我會做」等。此外，光是「來做吧」、「我做得到」等言詞進入耳朵並回饋給大腦，就會帶來效果。

◆「做不到」是指「不想做」

《孫子兵法》中有句話是：「勝可知，而不可為。」此外，孟子也說過：「不為也，非不能也。」意思是「當人們說做不到時，其實只是不去做而已」。

「做不到」、「沒辦法」等言詞會降低人的能量。當然，承認事實很重要，畢竟工作上不允許出現沒有根據的樂觀態度。不過，僅憑心情就否定可能性是相當愚蠢的做法，因為當人變得悲觀時，每件事都不可能會有進展。

無論如何都要否定的話，就拿出一個可以說服人的原因。假如原因是「因為○○才做不到」那就只要改變理由便可以迎刃而解。

如此一來，就會產生出「這樣的話我就做得到」的積極想法。

言語中具有控制內心的力量。利用積極正向的言語來推動自己的情感吧！

037 不要停下工作的腳步

凡治眾如治寡，分數是也

◆球不會自己傳

自己的責任固然該由自己負，拜託他人的工作也要確實地完全交付給對方。領導者的能力就取決於是否能果斷地做出這樣的決定。

為了做到這點，平時就必須與他人建立相互信賴的關係和環境。

在部分上市企業的子公司內被誇讚「手腕相當高超」的K課長，他每次離開座位時，桌面總是很乾淨，不像其他人的桌上總是散落著各種文件。為什麼K課長的桌面上會沒有任何文件呢？

「我的桌上有文件的時候，就表示那項工作沒有進展。不如說，**我認為我的工作就是將桌上的文件處理乾淨**。所以來自高層的文件要盡早交給適合的人，以便第一線的人員能夠處理這些工作；相對的，從下屬那裡拿到的文件，我也會盡快地往上呈報。」

K課長**就像是在傳球一樣地處理文件**。

「我只是不想停下工作的腳步而已，所以我會盡快地將工作交付給適合的部門。而且這不就是中階管理層的工作嗎？」

◆由小團體來管理大組織

孫子曾說過：「凡治眾如治寡，分數是也。」分數的意思是，將大組織分割成小團體，以便統籌管理。

一般來說，無論一個組織有多大，最高層都只有一個人。而且隸屬於最高層下方的管理階層人數也不多。因此，若要以少數人來推動人數很多的團體，就必須分成好幾個小團體。

並且在分成小團體後，將工作交付給各個團體的小組長。也就是說，既要負責自己的責任，也要把工作全權交給下屬。

工作上最重要的是「不要停下工作的腳步」，要確實地將工作交付給他人。像這樣做出決定也是身為領導者的能力。

要有成本意識

日費千金，然後十萬之師舉矣

◆開會的成本比想像中還要高

只要試著算一下開會的成本，就會知道那不是一個可以隨意忽視的數字。

接下來請試著根據與會者的月收入來計算人事費用。假設每人每月的薪資為四十八萬日圓，以實際工作二十天來計算，一天是兩萬四千日圓。再進一步除以上班時數八個小時後可得知，平均時薪為三千日圓。

單純以這個數字來計算的話，一個小時的會議成本是「三千日圓乘以總人數」。如果是二十個人一起開兩個小時的會議，那就得付出十二萬元的成本。若沒有進行討論，只是坐著，那每次開會就等於是在將錢丟進水裡。當然，年薪愈高的職位，花費的成本也就愈多。

除了人事費用外，還要加入會議室單位面積的費用、電費以及製作開會資料的成本等。由此可見，**毫無意義的定期會議對公司來說是一種無謂的浪費。**

其實只要事先透過電子郵件或電話進行調整，或許開會的時間就可以減少一半。

◆無論是戰爭還是公司都要花費金錢才能動員他人

《孫子兵法》中有句話是：「日費千金，然後十萬之師舉矣。」這句話要強調的是**擁有成本意識**的重要性。

即使在孫子的時代，也要花費大量的金錢在戰爭上，例如一千台輕型戰車、一千台輜重車、派遣士兵的費用、武器和馬具費用、外交預算和兵馬的糧食……。

由此可知，要動員十萬人的士兵，每天都必須花費鉅額的資金。

因此，戰略家也得精通經濟知識。孫子反覆主張「不宜拉長戰爭的時間」也是因為如此。

擁有高度的成本意識，自然就能理解「不戰而勝」才是最佳之道。

從古至今，動員他人都需要花費金錢。最重要的是要有成本意識，並重新檢視這個行為是否有意義。

039 將劣勢轉變為優勢

以迂為直，以患為利

◆你是悲觀型還是樂觀型？

每個人對事物的看法都不同。如果可以的話，比起悲觀的態度，希望各位以樂觀的態度來看待事物。

人們經常會說，看到杯子中裝有一半的水時，不要想說「只剩下一半」，而是要抱持著「還有一半」的想法。**看待事物時，樂觀的態度確實會比悲觀的態度還要來得好。**而且抱有這種態度的人，也更容易受到他人歡迎。此外，開朗也是作為領導者所必須要有的資質。

但這並不是指要成為完全沒在思考的樂觀主義者，樂觀必須要有根據。缺乏謹慎，毫無計畫性的樂觀，最終只會讓人離你而去。

不只是在工作上，所有的活動都伴隨著風險。在考慮到風險的前提下，評估自己能積極活動到什麼程度。在妥善管理風險的同時，也要隨時做好應對最壞情況的準備。

要做好這樣的準備，才能活用以此為基礎所形成的開朗與積極的想法。

◆繞遠路的妙處

孫子有句話是說：「以迂為直，以患為利。」意思是，只要想到好的對策，即使繞遠路也不會讓自己陷入不利的情況下。

換句話說，**就算處於不利的局面，只要能想出好的對策，就可以將劣勢轉變為優勢。**

這並不是單純轉換思考的問題，而是「要如何主動將負面心態轉換成正面心態」。

優秀的領導者必須要有將負面因素轉變為正向材料的能量和創意。無論在什麼情況下，只要能將劣勢化為優勢，就能在逆境中找到出路。

最重要的是要樂觀地應對事物。無論處於多麼不利的情況，只要積極思考，就能找到打破這個局面的對策。

040 不要做樂觀的預測

無恃其不來

◆「想要安心」就要在事前採取行動

人具有即使勉強自己也想要獲得安心感的心理。尤其是**當擔心的事情愈嚴重時，就愈覺得不會有問題。**

機械製造商U公司為了擴大事業規模而決定增建倉庫。董事長和建築師原本制定了兩層樓倉庫的計畫，但因為預算的關係，未能得到理事會的同意，最後只好將倉庫建成平房。

若干年後，倉庫必須再次擴建，但已經沒有可以擴張的土地。現任總經理後悔地表示：「當時就算再勉強也應該要建成兩層樓的倉庫。」而且要擴建容納重型機械的倉庫在強度上困難許多。

另一方面，也有人提出要在倉庫的樓上增建辦公室的方案。調查其可行性後發現，倉庫的強度足以支撐第二層樓。

此外，梁柱當初就設計成適合在之後增建第二層樓的構造。這是董事長知道以後會發生這種狀況所展現出的先見之明。

最後，倉庫的二樓建造成新的辦公室。而且因為建築物的結構堅固，工程很快地就順利完工。

◆先入為主的觀念會成為最大的風險

孫子曾說過：「無恃其不來。」意為「制定作戰計畫時，應該要做好萬無一失的準備。要研究敵人會怎麼進攻，**而不是依靠毫無根據的預測**，認為對方『不會進攻』」。

任何人都希望不要發生意外的事件，尤其當這起事件會讓自己陷於不利情況時更是如此。不過，沒有根據的樂觀想法無異於是在無視風險。

天真的預測本身就會帶來巨大的風險。**因此，要設想風險，並制定盡量可以容許這個風險的計畫，如此才能帶來真正的安心感。**

準備好應對可能面臨的風險，才能帶來真正的安心感。不要依靠「應該沒問題」這種毫無根據的預測。

在空間的規劃上下工夫

夫地形者，兵之助也

◆動線順暢的話，營業額也會提高

有時候只要改變空間的規劃，就能讓工作輕鬆許多。

此外，**思考什麼東西要放在哪裡比較好，也能讓日常生活過得更有品質**。

舉例來說，W餐廳為了設法提高午餐時段的營業額，決定開始販售便當。由於附近興建了一棟辦公大樓，午餐時段的客人有所增加，而餐飲店的數量依然不多，因此，便利商店的便當在午餐時間早早就銷售一空，出現了許多「午餐時段的難民」。

然而，因為與店內內用的午餐時段重疊，導致並不寬敞的廚房陷入混亂。店內的員工在作業時會相互閃躲，但來回移動的高溫平底鍋和燉鍋，還是讓整個環境相當危險。在這樣的情況下工作，當然也會出現許多失誤。對客人來說，少了一種配菜的便當勉強還可以原諒，但沒有炸雞塊的炸雞塊便當是完全無法接受的。

有鑑於此，大老闆W決定配合店內的改裝，修改廚房的動線。結果施工後的效果超乎預期。負責午餐時段和便當的工作人員不會相互碰撞，廚房的工作情況不再混亂，員工也露出了笑容。最重要的是，翻桌率上升，營業額也跟著增加。

再舉一個例子，某間事務所將女廁入口安排在事務所很難看見的地方，光是這點，就降低了辦公室職員的流動性。

◆地利也會影響團隊合作

孫子有句話是說：「夫地形者，兵之助也。」

地形在工作上也具有同等的重要性。

在工作上的**地利所指的除了商店和公司的位置以外，還包括每個員工的人際關係（動線）**。

如果員工相互尊重、同心協力，工作的效率自然也會提高。

有時只要更改空間規劃和動線，就能提高工作的效率。無論是工作還是戰爭，地形都有其不可忽略的重要性。

042 在任何地方都能大展身手

兵無常勢，水無常形

◆因為期待工作調動

在工作上必須要有靈活性，**有時要像水一樣自然流動並接受現狀。**

進入公司後就一直在工程管理領域工作的S，其工作能力之好，甚至在工廠內被稱為「活字典」。因此，他在這個領域擁有著不輸給任何人的自豪感。

然而有一天，公司突然將他轉調至業務部門。本人感到非常訝異的同時，更多的是因為自己的能力遭到否定所帶來的懊惱。

而且S還認為至今一直穿著工作服的自己，在一群習慣穿西裝的業務中顯得能力很差。滿腦子都在想自己不適合做業務，什麼時候可以讓他回去原本的崗位。

但是在某天，主管對他說了以下的話：

「你知道為什麼會被調到業務部門嗎？」

「不知道，是我做錯了什麼事嗎？」

「原來你是這樣的想的，抱歉，是我思慮不周。」

至今為止，工廠因為業務部門的無理要求遇到了很多困難。因為業務不了解製造工程，無意中就會照著客戶的要求來做事。主管接著表示：「你很熟悉工程，所以其實是想請你幫忙指導業務。」

的確，S非常了解哪些部分對工廠來說是無理取鬧，作為把這些知識授予業務的人才來說，可以說是最佳人選。

◆水可以順應任何器皿

孫子有句話是說：「兵無常勢，水無常形。」老子也曾說過：「上善若水，水幾於道。」不管放在什麼樣的器皿裡，水都會隨著器皿改變形狀，所以士兵要像水一樣在環境中靈活地改變作戰方式。

員工也是如此。社會情勢常常會因應工作環境和職業類發生變化。因此，**最重要的是，要努力適應變化。**

人們周遭的環境經常會因為社會情勢和職業類別等出現巨大的變化。最重要的是，要有可以適應變化的靈活心態。

第7章

打造不會輸的團隊

043 思考「怎麼做會比較好」兵有走者

◆逃避的下屬會準備「做不到的理由」

有些人就算在工作上接到指示也會找藉口逃避。**這種人會尋找做不到的理由，或者以繁忙作為推託的說詞。**

「H，這次要給G的提案書，你能試著做做看嗎？」

「不好吧！我還是菜鳥，還不會寫提案書，而且我的寫作能力也不太好。」

「不過我認為只要嘗試看看就會學到很多東西。」

「真的沒辦法。如果課長幫我寫草稿，我很快就能謄寫完成，但我無法自己提案，我不知道要寫什麼才好。」

從上述看來，H說這些話並不是在謙虛，而且本人還認為自己被吩咐去做一件不可能完成的事，所以就算逃避也不會有罪惡感。若是強迫他去做，很有可能會演變成「職場霸凌」。作為站在指導立場的人來說，是相當麻煩的類型。

如果硬是交由他去做，他可能會交出非常隨便的提案書。要求他修改做得不好的地方，他還會豁出去似地表示：「所以我就說做不到了啊！」完全不知道要怎麼從失敗中學習。

◆士兵在敵人面前逃跑，軍隊就會被打敗

孫子列舉出軍隊敗北的六種模式，並表示這是作為將軍應該了解的事項。符合這六種的情況都不是天災而是人禍，也就是說，這些其實都是可以在事前先阻止的敗仗。

「兵有走者」就是其中之一。簡單來說，是指不戰而逃的人。從現代的角度來說，就是指那些被吩咐做某事時，最一開始就逃避的人。要讓這類型的人積極地向前看並不容易，但**激發這類人的幹勁也是領導者的工作之一。**

對於馬上就會叫苦連天的下屬，激發他們的幹勁也是領導者的工作之一。首先應該思考「要怎樣他們才能夠做到」。

想像目標
有弛者

◆領導者有各種不同的類型

掌握下屬內心的方法不止一種。根據領導者本人的個性和想法，或者下屬的類型，接近的方式會有所不同。

主管中一定有「無論如何跟著我走就對了」這種老大型的人，同時也會有仔細地講道理，直到每個人都接受的主管，是屬於讓大家藉由各自的方式團結一心的類型。此外，有些主管還會露出不太可靠的一面，但這部分反而會讓下屬產生出「必須支持他」的想法，就這樣整合了團隊。

如上所述，成為理想的領導者有很多種方式。**無論是什麼樣的領導者，只要能夠讓組織團結一致，朝著「相同的目標」前進，就是合格的領導者。**相對的，做不到這點的人就不能說是個合格的領導者。

那要怎麼做才能讓組織團結一致呢？

重點有兩個，第一，領導者本身要具體明確地掌握目標；第二，下屬對於「想要去做」的強烈渴望。

當目標明確時，人自然就會有動力。

◆也有各種使團隊團結的方法

戰敗的軍隊是「有弛者」。

如果統率的領導者沒有牢牢地抓住下屬的心，那這個集團就沒辦法團結一致。除了員工會因為在工作方面過於鬆散，無法發揮出實力外，也會影響工作的效率，甚至引起嚴重事故。

孫子以「弛」來形容將弱兵強的情況。換句話說，當將軍不受士兵尊敬時，士兵的內心會產生鬆懈感，並在最後輸掉戰爭。

就如同使團隊團結的方法沒有一定的標準一樣，也有各種可以得到尊敬的方法。最大的前提是，要擁有明確的意志與熱情。為了不讓下屬掉以輕心，請務必成為受人尊敬的領導者。

擁有明確的意志和熱情，無論是誰都可以成為合格的領導者。要配合自己的個性和下屬的類型，靈活地帶領。

045 掌握下屬的才能和可能性

有陷者

◆展現技巧有時會成為一種困擾

站在他人之上的上位者，必須要掌握下屬的適應性和可能性。可以給予下屬較高的目標或新的課題，以謀求成長。但如果**給予的目標太高，或是讓他們在不適合的領域工作，就會形成問題。**

S在成為一家針對年輕客群的裝飾品雜貨店的主任後，非常重視這份首次獲得的職責。

再加上S原本就喜歡畫畫和手作，而且在高中時期的校慶還是負責製作看板的熱門人選，所以他馬上就開始試著在商品的展示上增加一點自己的巧思。店內因此逐漸增加許多利用插畫介紹新用法的手繪POP。這些展示的海報在來店消費的顧客間得到很好的評價，例如有人認為「有很多看起來自己也可以做到的好點子」等。

然而，其他店員完全無法跟上S的步伐，而且當S不在時，她們無法回答顧客問題，進而導致逐漸失去對工作的熱情。

大家甚至紛紛表示：「我的品味沒有S那麼好。」

繪畫和手作確實是S擅長的領域，但既然成為主任，就必須要考慮到其他店員的情況。如果S可以掌握每個店員的適應性，並根據每個人的情況來分配工作，應該就能與其他人建立出更良好的關係。

◆著名的選手未必會成為名教練

《孫子兵法》中的「有陷者」，是表示將強兵弱也會出現問題。將軍一人獨自行動，士兵完全無法跟上，最終只會迎來戰敗的結果。

也就是說，無視下屬的適應性，給予難以解決的課題，最後就會失敗。而且這種失敗會為下屬帶來挫折。

「自己做得到，下屬當然也做得到」並不是個正確的想法。著名的選手未必能成為名教練，或許也是因為這樣。

上位者應該要先掌握下屬的優點，再分配課題和工作。絕對不可以用自己的標準來進行判斷。

046 分成多個小組

有崩者

◆每人的指導方式都不同

若要調動大型的組織，就必須有條理地進行管理。要將全體人員分成多個小組，藉由統率各小組的領導者來管理整個組織。

而且帶領大型部門的幹部必須掌握各單位小組（部門）領導者的個性。如果是全體一起行動還沒關係，但若是個別小組單獨行動，那組織就會失去控制，導致無法取得預期的成果。

此外，**領導者還必須利用適合每個人的方式來帶領下屬。**舉例來說，U部長底下有三位課長，每位課長的風格都不同，同樣的指示方式無法讓他們團結一致。

對於L課長，只要仔細地傳達出自己的意圖，他就會自己思考需要做什麼。另一方面，對M課長則要下達更具體的指示，這樣他才會取得比想像中更好的結果。N課長則是只要給予提示並與他一起思考，就能想出優秀點子的人才。像這樣用不同的方式來應對不同的人，U部長才得以順利團結全部的人。

◆領導者失去統率能力時，就算是大軍也會吃敗仗

「有崩者」是軍隊吃敗仗的一個例子。用來表示當下屬單獨行動，尤其是率領小組的人獨斷專行時，會引起很大的問題。

即使為了統領軍隊所需的人才，只要與將軍意見不合，擅自採取行動，就不能奢望他可以順利率領軍隊。畢竟**領導者失去統率能力，軍隊就會輸掉戰爭。**此外，如果軍隊中有思慮不周的武將，也會危及戰況。

孫子將藉由統率各小組的領導者來管理整個組織的方法稱為「分數」，即使到了現代也應該要學習這種領導的方式。

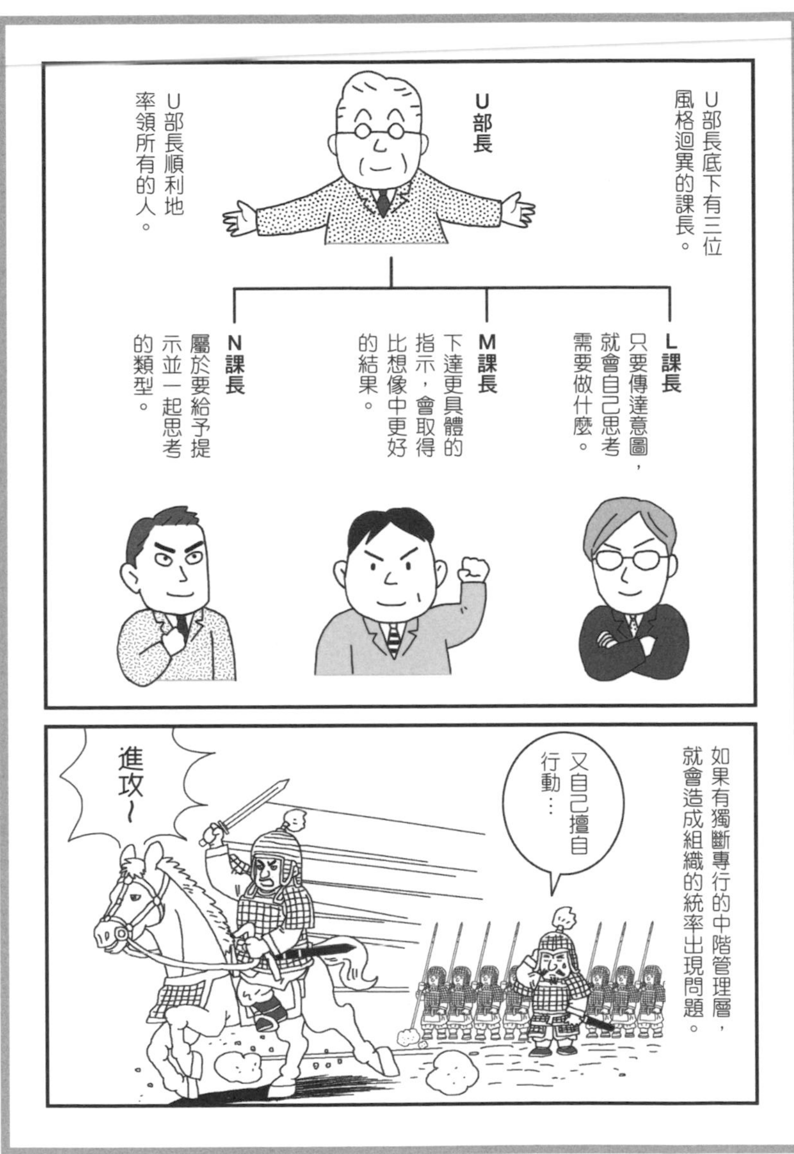

如果有擅自行動的中階管理層，就會造成組織的統率出現問題。確實掌握每個領導者的個性，行事上會安心許多。

047 指示的內容要明確
有亂者

◆「讓下屬自由發揮」並不是件簡單的事

曾經當過主管的人，應該都會切身地感受到「讓下屬自由發揮」有多麼困難。信任他人並全權交予他人其實並不是一件簡單的事。

從根本上來說，**如果無法做好「下屬失敗時由自己承擔全部責任」的覺悟，當然就沒辦法將事情交給下屬。**

而且，也很怕面對交給下屬後，自己就不能貿然插手的情況。也就是說，有很多人都因為陷入不希望下屬失敗，但又沒辦法插手的窘境而感到頭痛。

當然，如果沒有肚量可以承認這一點失敗是挑戰後的結果，那下屬就不會成長。不過，讓下屬「放牛吃草」就跟單純的放任一樣。**該責備時就要責備，該稱讚的時候就要稱讚**，而且無論是責備和稱讚，都要抓準時機。

此外，領導人也要下達明確的指示。如果看不到目的地，下屬就只能靠自己的判斷來前進。既然身在組織，就算對下屬說「就交給你們了」，也應該要有大致進行的方向。

當領導者提出明確的方向、允許挑戰帶來的失敗，以及做好自己承擔責任的覺悟時，才能達到「讓下屬自由發展」的意義。

◆員工會跟隨強勢的領導者

《孫子兵法》中有句話是「有亂者」。

上位者軟弱無能，無法做到嚴格的指導和賞罰，就不能順利率領組織。沒有人統率的組織會陷入混亂，最後只能面臨輸掉戰爭的結果。

即使是在現代，當領導者態度軟弱，無法適當地行使賞罰時，公司在他的帶領下就會失去紀律。此外，軟弱的領導者無法下達明確的指示，所以部下只能根據自己的判斷行事。這樣的組織就只能說是「烏合之眾」。

就算是原本可以戰勝的戰役也無法取勝。

「讓下屬自由發揮」並不簡單。要告知明確的方向，並做好在下屬失敗時勇於承擔的覺悟，方能產生出意義。

逆轉沒有勝算的情況

有北者

◆管理階層的工作是「簡單易懂」地傳達

誰要做什麼事，要做到什麼時候？

管理階層的工作是確認工作的綱要，並將高層的指示傳達給工作的現場。

有許多人都認為，U貿易公司的K課長並沒有仔細了解中間管理階層的工作。因為當上層下達指示時，他都只是原封不動地直接傳達給下屬。

看著這樣的K課長，下屬們都開玩笑地說他是在玩「傳話遊戲」。如果只是要傳達事項，那用口頭或書面的方式即可。**既然都特意透過管理階層來傳達了，那管理階層理當會在其中發揮出作用才對。**

以小學老師為例，在制定「預防感冒」的政策時，若只是對學生說「大家要小心感冒」顯然傳達上不夠清楚，應該要對孩子說「大家要洗手和漱口」才對。

因此，中階管理層的工作是，**設法讓上層的指示「更容易傳達給下一階層的人」。**而且還必須在盡可能保留指示原意的情況下，明確表達出**「要做什麼事、要做到什麼時候？」**。畢竟對組織來說，並不需要單純用來通過的「隧道」。

◆在指揮不力的情況下無法取得勝利

「有北者」是軍隊吃敗仗的一個例子。當將軍沒有智慧，士兵沒有力量時，理所當然地會輸掉戰役。

沒有智慧的將軍會對情勢做出錯誤的判斷，並勉強士兵進攻敵人防守嚴密的地方。而且照理說，要進攻防守堅固的地方，就應該派出強大的部隊，但這樣的將軍卻會派遣弱小的部隊前往。

再加上率領的軍隊中沒有優秀人才的話，那結果就會更加慘不忍睹。有很多時候，輸掉沒有勝算的戰役，其實是因為沒有看清實際的情況。

管理階層的工作之一是讓第一線的人清楚了解上層的指示。明確傳達出「誰要做什麼事，要做到什麼時候」。

第8章

動員他人的「說服技巧」

接受對方的意見

兵之事，在於順詳敵之意

◆否定對方的愚蠢行為

在沒有根據的情況下遭到否定，無論是誰都會覺得不愉快。

以商場談判的場合為例，如果突然表示「你的想法是錯的」等否定的話，對方一定會感到很不舒服。問題不在於正確與否，商場上的談判鐵則是，應該要先仔細聽取客戶的想法，確定理解後再開始發表意見。

尤其是在想要說服對方時，單方面地否認對方並主張己方的正確性，並不能讓對方欣然接受自己的想法。重點在於要創造出容易說服的心理狀態。為了做到這點，**一開始應該要「附和」，而不是不由分說地否定對方。**

「是故始如處女，敵人開戶；後如脫兔，敵不及拒。」是《孫子兵法》中一段很有名的話，這段話的開頭是：「兵之事，在於順詳敵之意。」這句話的意思並不是在說「要聽從對方的話」，而是在表示先接受對方說法的重要性。

◆從「YES・BUT說話法」中產生的商機

請各位想像一下，經常在銷售現場中使用的**「YES・BUT說話法」**，就能輕鬆了解這個概念。

以販售新車的業務為例，如果在聽到顧客表示「我家的車還能開」時反駁說「不不不！現在是換車的好時機」等否定的話，應該會引起對方情緒上的反彈，得到「真謝謝你的關心喔」的回覆。

因此，遇到這種情況時，首先應該要附和對方的話，向客人表示：「**說的也是**，應該已經非常習慣現在開的這輛車。」聽到業務附和後，客人就會說出真心話，例如「**但**現在這輛車的導航很舊了」或「新車好貴喔」。

這時如果對客人說：「新車所配的導航也是最新款，而且只要用舊換新的方式，就能用更優惠的價格入手。」對方就會回答「原來如此」並願意考慮是否要買新車。由此可知，聽取、理解對方的想法，就能產生機會。

不由分說地否定對方並不是聰明的作法。應該要在接受、理解對方的意見後，再提出自己的想法。

050

專注於傾聽

不知諸侯之謀者，不能豫交

◆一心一意傾聽對方說的話會如何呢？

談判時必須有說服力，但要顯得有說服力，並不一定要口若懸河。

最重要的是，**要判斷出對方想要聽什麼**。因為當對方聽到想聽的話後，就會願意聽他人說話，接下來只要慢慢地把話說清楚即可。

如果只顧著說自己想說的話，就沒辦法將話傳達到對方耳裡。日本落語家也是一樣，在前座（初級落語師）時期會拚命說話，不過在成為名人後，會先坐在高座上靜靜地看著客人的臉，再說出大家可以接受的枕語。如此一來，聽眾才能放鬆地歡笑。

這種努力傾聽的態度也有助於交涉，畢竟無論是誰，遇到願意聽自己說話的人都會很高興。**能在不妨礙對方的情況下適時地附和，並靜靜地傾聽對方說話的人，也能比較順利地與對方進行交涉。**

關鍵在於要專心地傾聽對方說話，不可以插嘴提出奇怪的意見。在對方的內心產生出「自己的意見得到接受」的安心感後，對方才會願意開始傾聽他人說話。

◆「不知道」是沒在聽的證據

孫子針對戰術所寫的「軍爭」中有一句話說：「不知諸侯之謀者，不能豫交。」這是用來闡述外交的部分。

也許各位會覺得外交和兵法之間沒什麼太大的關係，但為了避免不必要的戰爭，外交也是重要的戰略之一。「不知諸侯之謀者」是指不了解周邊國家情況的人。絕對不可以將外交交給這樣的將軍。

「不知道」就代表沒在聽。如果沒有表現出傾聽對方說話的態度，就沒辦法進行外交。換句話說，在工作上遇到難以談判的問題時，重點還是要展現出傾聽他人說話的態度。

[談判時最重要的是要傾聽對方說話。當獲得有人願意傾聽自己說話的安心感時，對方才會願意聽他人說話。]

了解客觀標準和主觀標準的差異

聲不過五，五聲之變，不可勝聽也

◆自家公司的常識並非是其他公司的常識

溝通的基本是理解對方的想法，畢竟**標準並不是只有一個。**

A是廣告代理公司的業務，他在與T建設公司合作的過程中，總是感到欲哭無淚。因為每次在製作宣傳冊等印刷品時，T公司都會在臨近完成前，要求A進行大幅度的修改。

某天，A在與負責人談話時突然發現，T公司由於工作上的關係，經常會根據客戶的要求更改設計圖。換句話說，修改紙上的方案對他們來說根本是家常便飯的事情。

仔細詢問後得知，T公司至今都是在打樣後才徵求主管的意見，所以才會在印刷的前一刻進行大幅度的修改。

因此，A決定向負責人說明自家公司的認知。他告訴對方，當宣傳冊印在紙上時就代表完成了，用建築工程來說的話，就是所謂的竣工。從這個角度來看，打樣的時間點等同於建築物建造完成正在等待裝潢的時候。

A還拜託T公司的負責人，在基本設計完成的階段就先讓主管過目，看有沒有問題。於是，**A在理解T公司的標準並仔細說明自家公司的標準後**，就再也沒有遇到對方要求做不合理修改的情況。

◆哪怕只有五個選項，也能組合出無限的可能

孫子曾說過：「聲不過五，五聲之變，不可勝聽也。」意思是，哪怕只有五個音色，只要相互組合就能產生出無限的可能。

對於自家的公司來說或許標準只有一個，但在考慮到其他公司的標準後，顯然不應該用相同措施來應對。因此，在工作現場中，必須經常隨機應變地靈活應對。

自己認為的常識不代表對方也覺得是常識。必須在相互了解彼此的標準後，再隨機應變地靈活應對。

052 從基本事項開始傳達

此兵家之勝，不可先傳也

◆記住「基礎」後就能加快進步的速度

就算想在不學習英文字母的情況下突然讓英文能力突飛猛進，也只會花費更多的時間。

一般來說，還是**在最初的階段記住「基礎」會比較好**。畢竟在學習英文字母後，才能夠以拼音的方式來記憶單字。

操作電腦時，工作速度愈快的人愈善於使用快捷鍵。因為活用鍵盤並盡量減少使用滑鼠的次數，有助於節省力氣。

有一項針對幼兒進行的實驗，主要是要測試他們是否可以遵守約定。這個實驗將幼兒分成兩組，實驗者對其中一組表示「不管怎麼樣都不可以吃點心」，而且沒有做其他任何的說明，只是單純命令他們遵守這個約定。面對另一組則是在詳細說明「為什麼不可以吃點心」後，與他們約定好「不要吃」。

最後得到的結果是如何呢？透過隱藏攝影機發現，不由分說就被要求不能吃的組別中，有很多孩子都違背了約定。相反地，事先了解原因的組別，遵守約定的比例明顯比較高。

由此可知，即使只是個孩子，在理解「為什麼不可以」的基本原則後，也會傾向於運用這個知識並遵守規則。

◆不要教初學者應用篇

《孫子兵法》中有這麼一句話：「此兵家之勝，不可先傳也。」這是從「兵者，詭道也」開始的一個小節，但孫子在陳述各種戰術後表示，這種取勝的方式屬於應用篇，不可以在一開始就教給初學者。

就算從進階的內容開始，也無法掌握事物。因此，最好的方式是，**先熟悉基本的知識後再進入應用階段。**

愈沒有經驗的人，就愈會想要快速獲得成果，但如果想要成功，就必須腳踏實地地努力。

直接從進階的內容開始教，學習者也無法好好掌握。只有腳踏實地、堅持不懈地努力，才能在最後獲得成功。

053 只說對方想知道的內容

勿告以害

◆「有禮貌的人」不代表是「誠實的人」

在推銷過程中，進行詳細說明時，並不需要完全都說實話。也就是說，**不應該用不必要的資訊來混淆對方。**

從事保險業務的H目前正以成為獨當一面的保險規劃師為目標而努力。他一直埋頭於學習，就連其他公司的保險產品也都不放過，但業績卻總是停滯不前。

分公司的總經理知道他為什麼遲遲拿不出成績的原因。問題出在於H在客戶面前也會一臉得意地將自己知道的事情毫無保留地全盤托出，讓對方感到相當困惑。也就是說，因為內容講解的過於詳細，導致一般人無法理解。

如此一來，也就白費了辛辛苦苦付出的努力，就好像是看著簽約的機會從眼前溜走一樣。

對H來說，連同缺點都進行詳細的說明才是所謂的誠實。但提供對方不需要的資訊，可能會讓人感到一頭霧水，對方甚至會想：「所以到底是怎麼樣？」以業務來說，這樣的說明方式是不合格的。

看不下去的前輩對H提出建議：「**專業人士在對外行人進行說明時的原則是『不提供多餘的資訊』。**」從那之後，H開始可以井井有條地進行說明。

◆將重點放在對方想要知道資訊上

孫子有句話是說：「勿告以害。」意思是，想要傳達訊息的心情固然重要，但因為不必要的資訊導致對方感到一頭霧水並不是上策。

舉例來說，機器類的使用手冊大多都讓人看了不知所以然。相信有很多人都曾有過「找不到自己想知道的內容」的煩躁經驗。

H的問題在於談話時並沒有將重點放在對方想要知道的內容上，再加上沒有人在聽到自己無法理解的話時會感到開心。也就是說，重點在於**只要談論對方想要知道的內容即可。**

只要簡單地陳述對方可以理解的內容，就能達到說明的目的。如果盡說些不必要的資訊，最後就只是白忙一場。

054 配合情況使用工具

知兵者，動而不迷

◆依時間、地點、場合來決定要打電話、發郵件還是見面談

最近不管是在工作上還是私底下，許多人都傾向直接打電話或發郵件來處理事情。例如朋友之間大多都會利用聊天APP來解決。

以過去的「常識」來說，只用郵件來解決並不禮貌。但現在有許多人認為，發郵件既省事又可以讓對方在喜歡的時間讀取，相當方便。確實如此，但使用時必須分清楚時間和場合。

例如，如果試圖只用郵件來解決複雜的話題或客訴問題，很容易會讓事態變得更嚴峻。因此，遇到這些情況時，應該要面對面或在電話中處理會比較好。

順帶一提，在處理客訴方面，有時在電話中冷靜地交談會更容易解決。因為電話只能靠耳朵聽，為了避免漏聽重要的內容，態度上會比面對面時謹慎，相較下就比較容易留在腦海中。

此外也有人說，電話中比較容易說出真心話。因為只用聲音溝通，反而會表現出內心的動搖或隱瞞的事情，而且不會受到視覺的干擾，所以無法隨意蒙騙對方。

由此可知，現今這個時代**必須根據場合決定要選擇打電話、發郵件還是面對面談話。**

◆在顧客的舞台上溝通

《孫子兵法》中有句話是：「知兵者，動而不迷。」意思是，了解兵法的人在做出相應的應對時不會出現任何猶豫。

這句話也適用於現今對於溝通工具的選擇。**要用顧客想要的方式來對話，而不是依照自己的喜好來做選擇。**首先要做的是，思考哪一個是最適合的工具。

不分對象，用郵件來應對每個人固然很輕鬆，但輕鬆並不能說服對方。

依時間、地點、場合來決定要使用哪一種傳達資訊的工具。重點在於要用顧客想要的方式，而非自己的喜好。

055 把環境當作夥伴 一曰「度」

◆坐得舒適時，結果就會改變

如果想在工作上取勝，就必須要**讓環境成為自己的夥伴。**在談判等必須說服對方的場合上更是如此。愈是這樣的情況，就愈要善用「地利」。在工作上，地利不只是室內的擺設，**椅子舒不舒適、光線照射的方式、是否有雜音等，只要是會影響同席所有人舒適度的因素，就都包含在地利中。**

心理研究的資料顯示，椅子坐起來舒適時，坐在上面的人就連棘手的問題都可能會給予回應。從這點可以得知，人坐在可以放鬆的椅子上時態度會更寬容。

因此，如果是在咖啡店等地方碰面商談，就要選擇椅子坐起來舒服的店家。事先建立一個包含咖啡店、餐廳和酒吧，**專屬於自己的「地利清單」**會方便許多。

若是想要提出稍微嚴苛一點的要求時，可以向對方提議「換個地方」並在安靜的環境和舒適的沙發上慢慢地說服對方。

◆配合對方改變策略

孫子曾說過：「一曰『度』。」這裡的「度」是指根據地形考慮陣形或作戰策略。原本的句子是：「一曰度，二曰量，三曰數，四曰稱，五曰勝。」兵法上的順序如下：

①判斷地形
②判斷應該採取的戰略
③判斷部隊的編制
④配置的重點
⑤預測勝算

希望在工作方面，各位也能熟練地活用地利。

[人的態度會根據環境的舒適度而改變。最好的方式是依照場合選擇可以活用「地利」的地方。]

056

提出對對方有利的提案

能使敵人自至者，利之也

◆尋找得不到同意的「背後原因」

商談的基本原則是，強調對對方有利的部分。**告訴對方商品有什麼特點，採購的話會得到什麼好處，對方就會同意購買。**

OA機器的業務B，從上個月開始向C公司銷售新型影印機，新機種的優點是不僅體積小，耗電量也比較低。C公司從去年就因為空間問題推遲採購影印機的計畫，因此B下定決心「這次」一定要讓C公司點頭購買。

C公司的課長是B大學的學長，非常照顧B，本來以為可以馬上得到課長的答覆，但事與願違，談話上沒有任何進展。

C公司的課長表示：「我知道這個東西很好，我也很想馬上採購，但前提是主管願意幫我蓋章。」

在無可奈何之下，B只好去找主管商量。主管給的建議是：「請幫助對方寫出會簽文件。」沒錯，B必須要做的是，進一步說服對方的主管。

◆「搶先」提案對方的需求

孫子有句話是說：「能使敵人自至者，利之也。」意思是，**向對方展示優點後，事情自然而然就會如自己所願的發展。**

得到主管的建議後，B立刻著手準備資料。以數字表示與現有的影印機之間的差異，並說明新機種可以節省成本費用。此外，還註明這台影印機兼具傳真機的功能，可以大幅節省人力。

課長看到這份報告後開心地表示：「這正是我想要的資料！」看來，他之前在準備會簽文件上吃了不少苦頭。

第二週，B從C公司那裡得到願意簽約的回覆。這都是多虧了B向對方展示了新機種的優點。

商談的重點是，找出能夠為對方帶來好處的地方再進行推銷。如果成功做到，事情自然就會如自己所願地發展。

第9章

扭轉局勢的「交涉技巧」

057 引導上司做決定

夫將者，國之輔也，輔周則國必強

◆優秀的下屬會培養出無能的主管

如果企業的領導者和高階主管，以及各部門的部長和課長團結一心，那這個組織就能安穩地發展，但組織內部一般很難團結到如磐石一樣。

就像有為了無能下屬煩惱的主管一樣，也有為了無能主管頭痛的下屬。只顧著看上層臉色，不關心下屬，也完全不自己思考的「比目魚主管」（只看上面不管下面），只會妨礙工作的進展。

既然在組織工作，就必須讓這樣的主管好好工作。**一個能幹的下屬必然會擁有培養主管的能力，而且要盡量在不傷及對方自尊心的情況下對主管進行引導。**

例如，現在有一位主管，明明要他做出決策，他卻不願意給予明確的答覆。在面對這樣的人時，要先準備好讓對方可以馬上回答的條件。除了想要通過的方案外，還要提出其他想法並讓對方進行選擇，例如：「目前有這些想法，可以請您幫我挑選出最適合的方案嗎？」

這樣的說話方式不僅不會傷害到主管的自尊心，還可以讓主管反映出自己的意見，所以可以很快地獲得主管的同意。

◆互相鬥爭的組織將會衰敗

《孫子兵法》中有句話是：「夫將者，國之輔也，輔周則國必強。」意為當領導者和將軍團結一致時，國家就能穩定發展。

由此可知，**所有的組織都應該努力地讓領導者、高階主管和管理階層團結一心**，這樣才能為組織帶來穩定。

另一方面，當員工相互仇視時，組織就無法順利運作，而且別說是繁榮，甚至還會慢慢地衰敗。畢竟雙方都疑神疑鬼的話，不可能做好分內的工作。

因此，對於組織來說，最重要的基礎是員工要齊心協力地工作。

大家的心團結一致，才能建立出穩定發展的組織。有時必須是下屬培養主管，並朝著如磐石般團結的目標前進。

重要的話題只有一個

並敵一向，千里殺將

◆一個人一次只能做一件事

光是努力並不足以將自己目標想法傳達給對方，必須要在對方願意專注地傾聽時，訊息才能順利地傳達。

經常在眾人面前說話的人之中，總是會有幾個人可以說出令人印象深刻的話。這些人說話時未必很流利，但卻有某個部分能深深地打動人心。

重點在於，**一次不要談論太多話題。**用耳朵傾聽時，只有一、兩個資訊會留在腦海裡，所以就算什麼都說，也只會讓他人失去對話題的印象。能言善道的人基本上一次只說一個話題。

這同樣也適用於吩咐下屬工作時以及向主管報告時。注意一次只說一個話題，就可以避免傳達上的錯誤。

另外，在發表企劃案、開會或說服客戶等交涉的場合時，也應該要將重要的話題濃縮成一件事。其他的話題最多只能當作用來突顯主要話題的配角。

愈是不擅長說話的人，就愈會在說話的過程中準備好幾個高潮。然而，要在對方心裡留下印象的祕訣其實是**準備一個高潮即可。**

◆只要集中於一點，水也能切斷鐵

孫子曾說過：「並敵一向，千里殺將。」也就是說，只要正確判斷情勢並集中兵力，即使遠征到偏遠地區也能夠取勝。

孫子尤其重視力量的集中和分散。即使總兵力趨於劣勢，只要將力量集中於敵人防守薄弱的地方，就能夠順利取勝。

潺潺的流水只要集中噴射，就能成為切斷鐵板的工具。同樣的道理，**將力量集中在一個地方，就有可能會獲得意想不到的成果。**

這點同樣也適用於溝通，將想要傳達的事項重點濃縮成一個，更能順利地傳達給對方。因此，請務必將「集中」活用於工作上。

溝通的重點在於「集中」。重要的話題一次只講一個，就能在對方的腦海中留下更深刻的印象。

找出對方真正的想法

半進半退者，誘也

◆銷售的勝負在被拒絕之後

在很多情況下，表面上看到樣子其實會和內心所呈現的樣子不同。尤其是在工作上，快速掌握對方的真心，就代表握有取勝的籌碼。

沒有人會在一開始就顯露出真心，因此，必須架設天線，並努力地盡早解讀出對方只露出一瞬間的真心。

例如，業務工作也一樣。一般都說「被拒絕」是推銷的基本，但不能就這樣放棄，**關鍵在於要在第一次被拒絕的階段，就判斷出還有沒有可能性。**

事實上，對話中經常會出現，表面上拒絕，但卻暗示著可能性的情況。

假設現在對方的回答是「像我們這種窮酸的公司沒辦法和貴公司這種大企業來往」或是「我們只是一家小規模的公司而已」。當對話中出現「窮酸」、「小規模」等關鍵字時，就代表只要談妥費用就有合作的可能性，或者也可以當作是對方在要求給予首次合作的優惠折扣。

此外，當對方表示「我只是個課長，沒辦法擅自做決定」、「決定權在主管手上」等時候，是希望可以提供能夠說服主管的有利材料。因此，如果將資料準備好，談話上可能就會有所進展。

但無論是哪一種情況，**業務都應該要敏銳地察覺到對方發出的「信號」。**

◆累積看穿「背後真心話」的訓練

《孫子兵法》中闡述情況判斷的〈行軍篇〉，有一句話是：「半進半退者，誘也。」

看到敵方撤退一半的士兵時，首先應該要認定對方其實沒有真的想要撤退，背後藏有他們打算利用引誘的方式來進行反擊的想法。不可以因為輕率地進攻，而陷入對方的圈套。

在工作現場上也是，為了在一瞬間就看清真正的意圖，平時就要勤加訓練。

沒有人會在一開始就顯露出真心。為了不掉進對方的圈套，平常就要反覆進行找出真心話的訓練。

不要依賴數量的多寡

兵非貴益多

◆文件內容要盡可能地簡單扼要

日本昭和時代的老闆總是以獲利為優先考量，去餐廳吃飯時也認為分量很重要，所以一般都會點套餐。有很多人都像這些老闆一樣，認為「厚、重、長、大」才是最好的。

例如，在製作企畫書或報告時，無意間就會準備一疊厚重的資料。確實，一般人都會想要達到某種程度的分量感，因此在作業的過程中，會覺得「這個資料也很重要」、「慎重起見，這個數據也放進去」而添加許多內容進去。

但希望各位可以從收到資料那方的角度來思考。**文件的話，其實愈少對方會愈開心**，畢竟每個人工作的時間都有限。

理想的情況是，將內容濃縮到一張A4紙的程度。基本上，刪去多餘的項目後，大部分的文件大概寫這麼多就已經足夠。

說服力並不是取決於文件的厚度，因此，請試著盡量簡單扼要地整理清楚。

此外，濃縮文件內容可以用來當作將思緒整理清楚的訓練。**能簡短總結的人，即代表是一位能力優秀的人。**

◆不要趁勢貿然前進

孫子有句話是說：「兵非貴益多。」意思是，士兵的人數不是問題，**重點在於要取得勝利。**

這句話後面的內容是指，不要趁勢貿然前進，而是要看清情勢，做好統率的工作，依賴人數盲目進攻只會成為俘虜。

孫子不斷地強調「戰爭就是要取勝」，但同時也表示，戰爭會成為人民的負擔。

也就是說，只依賴士兵的人數，欠缺考慮地進攻是非常愚蠢的行為。有效率、具合理性，以及規模適當才是最佳的打仗方式。

說服力並不是取決於訊息量。目標至始至終都是「取得勝利」，因此，請盡量濃縮訊息後再簡單扼要地傳達出去。

061 分別使用正面進攻法和奇策

以正合，以奇勝

◆在組織裡要顧慮到自尊和面子

如果想要讓交涉順利進行，就要視情況分別使用正面進攻法和出奇制勝的計策。

有位堪稱是交涉專家的議員祕書，針對「傳達方式」的技巧說了以下的話：

「一般人經常會犯的錯誤是自認為『只要向老闆傳達自己的想法，事情很快就能解決』。下屬跳過自己直接找老闆這種情況，對於組織負責的部長來說絕對不是一件愉快的事情。重點在於人的內心。」

就算是想要透過一些強硬的手段來處理，也應該要先以正面進攻的方式來進行。畢竟前往窗口那裡提出想法，是標準程序之一，也是最基本應該要做到的事。

在跟窗口談話的時候，最好也要先告訴對方自己打算去拜託老闆。如此一來，就能確實透過負責的部長，按照程序推進話題。此外，負責的部長照理說也會幫忙安排好跟老闆進行會談的準備。

之後當老闆主動與部長提到這件事時，部長可以在知情的情況下迅速做出應對。如此，部長就能夠在維持組織面子的同時讓事情往前推進。

交涉的基本原則是尊重所有相關人士的立場。只要可以維持自尊和面子，他們就會願意對一些事情睜一隻眼閉一隻眼。

◆準備出奇制勝的計策，並以正面進攻法進攻

孫子曾說過：「以正合，以奇勝。」意思是打仗首先應該以正面進攻法攻擊敵人，接著再用出奇制勝的計策戰勝敵人。

交涉也應該在初期階段採取正面進攻的方式，突然採取不合規矩的戰術是違反禮儀的行為。

首先要用正面進攻法進攻，如果有出奇制勝的計策再接著使用。如果像這樣採取兩階段的行動，無論在什麼情況下，都能取得對自己有利的進展。

即使是想要透過稍微有點強硬的手段來進行交涉，還是要先採取正面進攻的方式，這樣才符合基本情理。

062 在位子的安排上下工夫

此兵之利，地之助也

◆L字安排法比較能冷靜地對談

僅僅只是在位子的安排上下工夫，就能讓交涉結果產生變化。例如，心理學上認為面對面坐著時會讓人產生對立的情緒。

過去，有兩個大國曾經為會議桌的形狀爭執不休，最終他們是在圓桌上達成共識。這個選擇可以說是相當聰明。因為**只要圍在圓桌旁，就能抑制彼此「不能讓步」的心理，使氣氛變得平靜、安穩。**

此外，如果中間不放桌子，則可以大幅縮短彼此之間的距離感，這種方式固然可以營造出更加親近的感覺，但應該很難應用於正式的外交場合。

其中，L型的座位安排尤其可以讓人安心地談話。這是一種在正方形或長方形等桌子上共用一個角落的安排方式。就算是坐在對面也不用與對方互相對視，所以內心不會感到壓力，而且只要稍微往旁邊看就能和對方自然地對視。因此，在談論棘手的話題，或是真的很想得出結論時，可以設法讓大家坐成L型。

◆將面對面改為圓桌會議

《孫子兵法》中有句話是說：「此兵之利，地之助也。」地利的重要性就如先前所說的，但心理上的作用也會產生影響。

若是能夠解讀對方的心理，知道他們想要在哪裡布置兵力，就能夠建構出對戰爭有利的配置方式。

只要應用這點，工作上的交涉也有可能會朝著對自己有利的方向發展。由此可知，**了解布局帶來的心理變化，就能讓地利成為夥伴。**

如果什麼都沒考慮，總是安排雙方面對面的坐著，導致交涉不順利時，建議偶爾嘗試看看圓桌或L型的座位安排。

光是座位的安排就有可能會使交涉的情況發生變化。請根據情況靈活運用圓桌和L型等座位配置。

063 讓對方決定

齊勇若一，政之道也

◆要怎麼讓客人成為商品的粉絲？

比起被他人說服去做一件事，自己做出的決定更容易轉變成實際的行動。這就是為什麼領導者必須將決定權交給對方。

有一家營養補助食品公司決定對來參加宣傳活動的人進行問卷調查。希望藉由簡單的問答題，讓這些人察覺營養的重要性。

第一年採用的方式是詢問參加者「你認為青汁對身體有益嗎？」，回答「是」的人很多，而且他們還很開心地拿走試喝品，但最後卻沒有反應在銷售上。

第二年將問題的內容改成「你認為營養補助食品的哪些方面對身體有益？」，而且還嘗試舉辦可以悠閒地邊喝茶邊談話的座談會。

最後，填問卷和參加座談會的人中有很高的比例都購買了這項商品。因為他們**在思考該商品優點的過程中成為了支持者。**

魔術師也會用一些本來客人打算自己選擇，但其實是他人幫自己選擇的技巧。也就是說，藉由讓對方做選擇的方式，使他們沉迷於魔術中。

◆消費者的自發性、主體性和主動性很重要

孫子有句話是說：「齊勇若一，政之道也。」換句話說，正因為士兵是靠自發性的欲望而不是命令，軍隊才能團結一致。

無論他人怎麼鼓吹，人的心情也不會輕易地動搖。關鍵在於是否有自發性。

由此可知，在周遭充斥著各種商品和服務的今日，要想得到消費者的認可，最重要的是設法讓消費者產生出自發性、主體性或主動性。

【讓對方自發性地選擇，他們就愈有可能在之後採取行動。
善用適用於各種服務，並能成功抓住對方內心的推銷方式。】

064 探詢對方的本意

辭強而進驅者，退也

◆防衛機制沒有在運作嗎？

在交涉的場合中，有時對方可能會突然表現出強硬的態度。遇到這種情況時，可以將之視為對方正在表現出內心的不安。

這個態度的背後隱藏著「撤退」的困難度。

例如，努力準備的計畫中可能會出現不安的因素。內心會產生出「有風險沒錯，但都已經努力到這個地步了，沒辦法果斷放棄」的心情。

經過種種努力後，最終會抱持著「賭上這一點點的可能性」、「有時強硬一點也很重要」等想法。這在心理學上稱為**「防衛機制」**。

為了試圖相信自己在做的事情沒有錯，或是為了不白費這段時間的努力，內心會湧出強硬和魯莽的想法。**猶豫不決時，正向思考確實很重要，不過也要冷靜地思考其中是不是防衛機制在發揮作用。**

此外，至今累積的努力和費用也稱為「沉沒成本」。如果太放不下沉沒成本，可能會造成損失進一步擴大，甚至還會讓事態變得無法挽回。也許，表現出強硬的態度的人，內心裡存在著沉沒成本也說不定。內心固然焦慮，但因為無法承受損失，所以勉強維持現狀。

◆後退比前進還難

《孫子兵法》中有句話是說：「辭強而進驅者，退也。」這句話的意思是，即使敵方的將軍態度強硬，也不能輕易接受對方的要求，要試著想一想這背後到底藏有什麼樣的企圖。

或許對方是為了隱藏想撤退的念頭才採取強硬的態度。

不管在哪個時代，撤退一直都不是簡單的事，而其中最艱難的就是殿軍。在日本關原之戰中，島津軍採取出其不意的策略，從敵軍正中間穿越，最後才得以死裡逃生。

由此可知，撤退比前進還要困難好幾倍。

強硬態度很多時候是因為不安所造成的。不要直接接受對方的態度，而是要想一想背後隱藏著什麼樣的企圖。

第 10 章

獲得競爭優勢的「商業策略」

065

安全方面要萬無一失

無恃其不攻

◆全部的雞都注射疫苗的原因

因為只要認為沒問題，就能獲得毫無根據的安心感，導致我們在面對應該要擔心的事情時，往往會不自覺地認為「應該沒問題」。

事實上，大部分的人上床睡覺都是抱持著明天早上也會醒來的想法，但這個想法的根據單純就只是「沒問題」的心態。其實根本不會有人知道明天會發生什麼事情。

A公司在販售雞蛋時，包裝上都會標明「已經做好沙門氏菌處理」。沙門氏菌是一種會造成食物中毒的細菌。這種細菌會經由附著在雞蛋表面的雞屎傳染，或是從雞的體內進入雞蛋的內部傳染給小雞。

但由於經費的考量，很少會有公司願意為全部的雞注射疫苗。此外，還有一個原因是，沙門氏菌對雞本身並不會產生影響。因此，大多數的公司都只是將雞蛋清洗乾淨而已。

不過A公司卻反而花大量的金錢和時間為全部的雞注射疫苗。

老闆的想法是：「公司最重要的客群是老人和小孩，不能因為覺得應該不會出問題，就不為雞注射疫苗。」

◆沒有根據的「應該沒問題」其實非常危險

孫子曾說過：「無恃其不攻，恃吾有所不可攻也。」意為，沒有人可以預測敵人是不是會進攻。也就是說，**不要以不確定的想法為根據，應該專注於確定的事情上；換言之，要將注意力放在鞏固我軍的防守上。**

舉例來說，在寒冷的天氣裡去附近的便利商店時，認為「應該不會感冒」，就省略穿外套的麻煩，但事實上是有可能會出現身體不適的情況。延後一天拜訪客戶也是一樣的道理，在思考「應該明天再去就好了吧」的時候，可能會讓顧客與自己的關係漸行漸遠。

[沒有根據的「應該沒問題」，背後其實潛藏著危險。要確實加強自身周圍的防禦。]

看準不該出戰的時機

知可以與戰不可以與戰者勝

◆日式糕點老店婉拒大量訂購的原因

領導者在做出「出戰決定」的同時，也必須要做出**「不出戰的決定」**。

日式糕點老店E本舖自從第二代接手後開始引進自動化的技術，並使店裡的商品得以量產，從此之後就連在超市都可以看到E本舖的招牌烤饅頭。

某天，E本舖接到大型連鎖店決定大量採購的訂單。連鎖店表示：「想將烤饅頭當作折扣的主打商品，所以希望可以提供以往的三倍量。」老闆聽到這個消息後相當煩惱，因為E本舖的生產力目前已經達到極限，但又想要守住好不容易打入的超市通路。

於是，買方提議：「分三天製造，但製造日期標同一天如何？」這個提議確實可行，烤饅頭的賞味期限是四天，就算稍微超過一點時間，材料也還是可以使用。就連老闆在家裡也會將放了將近十天的烤饅頭烤來吃。

然而，老闆拒絕了這項提議。老闆的想法是，就算銷量會增加，也不想為此和會慫恿他人說謊的人合作。這個決定在最後得到回報，E本舖的烤饅頭作為不列入折扣的商品，獲得大眾的歡迎，在中午前就銷售一空。

儘管會和買方發生爭執，也要堅守產品品質，老闆的這項決定促成了良好的結果。

◆有時要做出不出戰的決定

孫子曾說過：「知可以與戰不可以與戰者勝。」這句話意思是，**取得勝利的人不只是會決定什麼時候應該出戰，還能判斷出不應該出戰的時機。**

沒有人願意錯過眼前的機會，不過在抓住這個機會前，必須仔細思考會帶來什麼樣的結果。

銷售商品固然重要，但如果是抱持著「只要賣得出商品，做什麼都無所謂」的想法，那後果可能不堪設想。

正因為是帶領組織的人，才更應該準確地判斷出什麼時候不應該出戰。

「不出戰的決定」與「出戰的決定」一樣重要。能夠冷靜地判斷眼前的機會會帶來什麼樣的後果，才能不斷獲勝。

做別家公司不做的事

行千里而不勞者，行於無人之地也

◆服務中有利基市場

有一種領域稱為**「利基市場」**或**「小眾市場」**，這是指至今沒有人注意到的領域所提供的商品或服務。**只要進攻這類型的領域，就能避免與對手競爭。**

Z公司是一家搬家公司，其提供的服務不是單純的搬運，而是採用了幫忙搬家的概念，因此創造出了新的搬家市場。

這家由女性掌權的公司還陸陸續續推出用戶想要的服務。例如，用戶打電話請搬家公司來估價，業務會在見面洽談後留下一個裡面放有十元硬幣的信封。這是出自於「電話費由搬家公司負擔」的考量所做出的服務。

此外，搬運行李的工作人員都會戴著新的手套，也會準備替換用的襪子，而且搬運時會非常地小心，以避免將新房子或家具弄髒。這是在完全理解用戶的心理和不安的前提下所提供的服務。

過去很少有公司可以澈底執行在現今被視為理所當然的貼心服務，因為細膩的服務並不是那麼容易就能夠模仿得出來。

◆好點子的靈感就在日常生活中

孫子有句話是說：「行千里而不勞者，行於無人之地也。」就算是原本已經有的服務，只要做其他公司不做的事情，好機會就會隨之而來。

從一開始就稀釋的可爾必思和去皮甜栗等也是如此。這些都是經常在日常中看到，但都**只是停留在「有的話就好了」的階段。**事實上，**只有將其商品化，才能獲得先行者優勢。**

市面上的暢銷商品，大多是之前沒有想過會成為商品的東西。很多時候，單純試著在市場上推出一個想法，就有可能會開花結果。

尚未實現的好點子就在日常生活中。

意外地，機會就潛伏在你我的身邊。

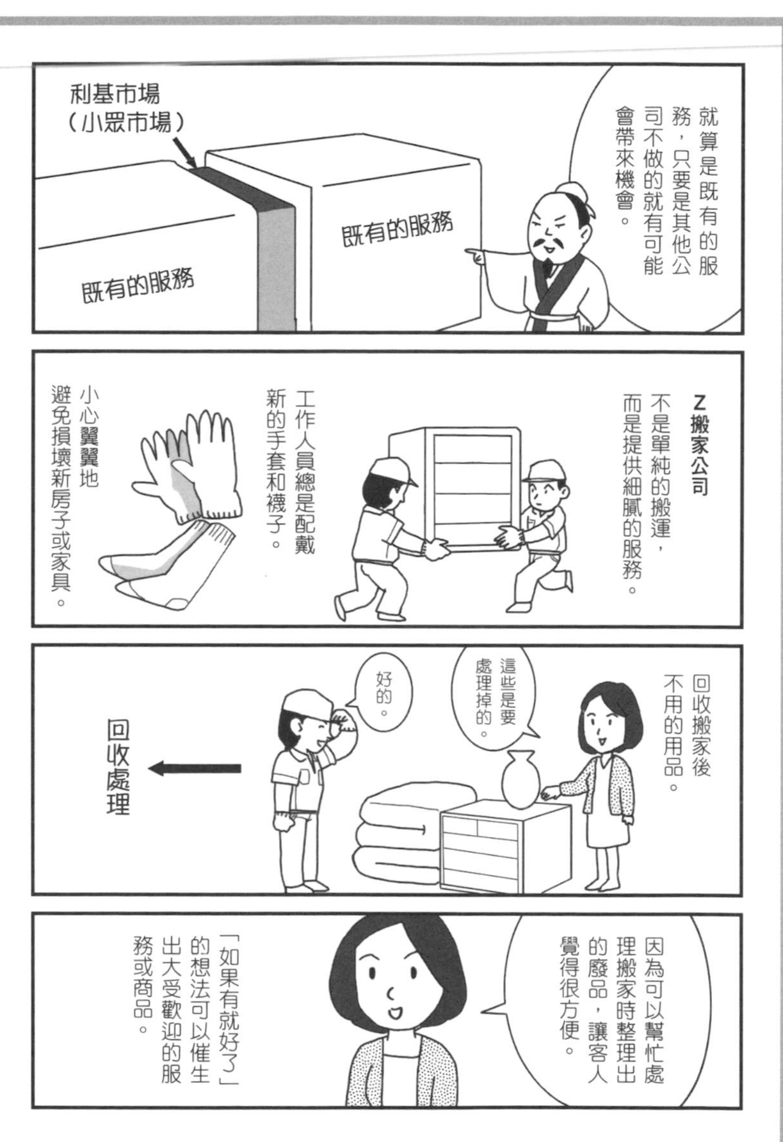

進攻利基市場，可以避免無謂的戰爭，同時還能增強力量。意外地，機會就潛伏在你我的身邊。

也要考慮戰後的事情

明主慮之，良將修之

◆也有不適合當領導者的人

團隊合作是一種可以有效發揮出日本企業優勢的武器。不過必須留意的是，這項武器有時會成為一把雙刃劍。

例如，團隊合作的優勢在於，團結所有人的力量時所展現出的結果是遠大於加法的乘法。

然而，如果沒有選出正確的領導者，並活用每個人的個性，就有可能會演變成所有人都不願意負責任的情況。舉例來說，**在年功序列的體制下成為領導者的人，不一定會培養出責任感。**

有些人因為成為領導者而迅速成長，但也有人原本就屬於輔助類型的角色，所以並不是所有人都適合領導者這個職務。無奈的是，這不是能力與否的問題，而是適任性的問題。

因此，**主管必須清楚了解下屬是否具有帶領人們的能力。**若是提拔不適合的人成為領導者，就有可能會成為團隊的負擔。

◆注意使用強大武器的方式

《孫子兵法》中有句話是：「明主慮之，良將修之。」

據說孫子原本很擅長火攻，但他也曾表示，火攻固然有效，不過會使國家毀滅。因此，不管火攻可以取得多少勝利，都必須避免留下成為焦土的國家。

賢明的君主深知這樣的道理，所以不會隨便就開戰，而且也會顧慮到戰後的善後。「明主慮之，良將修之」就是在表示君主和將軍之間的關係。

火和水都是強大的武器，不過若是使用方式不當，就會成為破壞國土的凶器。一樣的道理，團隊合作可以成為提高組織力的武器，但前提是**第一線的領導者必須注意使用的方法。**這是作為領導者應該要牢記的一點。

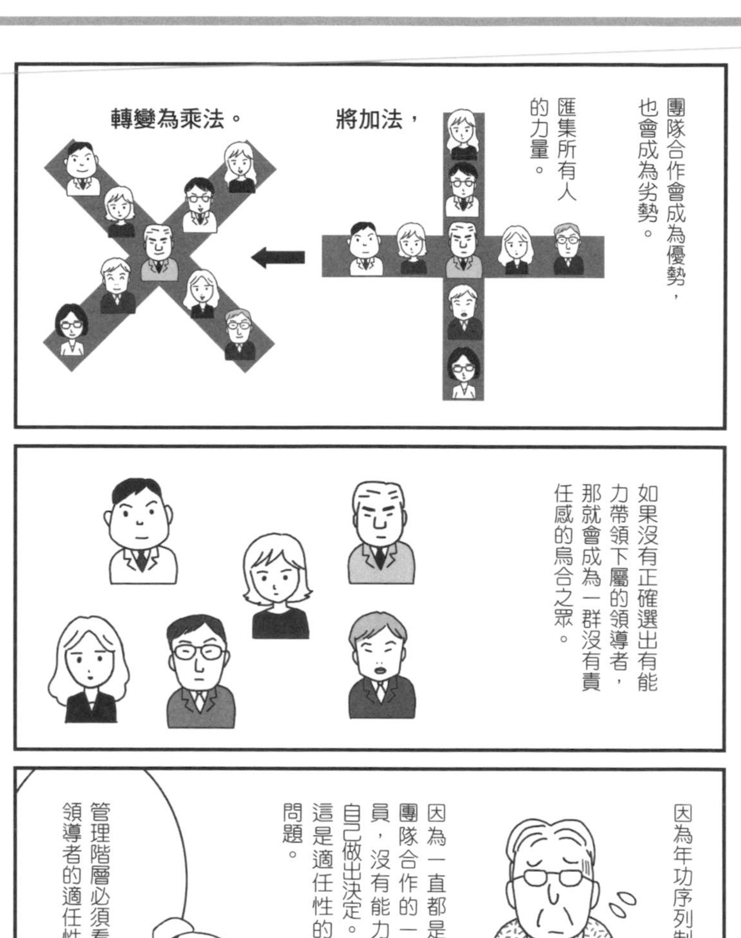

領導者也有適任性的問題。選擇可以確實帶領下屬的人，就能打造出拿得出成果的團隊。

069 最佳的方式會改變
形兵之極，至於無形

◆沒有絕對成功的法則

從一次的成功中可以學到很多東西，但遵循這個模式，並不代表下次也一定會成功。

畢竟世上根本就不存在一定會成功的模式。

A白手起家創立了一家水產加工公司。為了將辛辛苦苦培養起來的公司傳給兒子，他花了十年的時間建立公司的組織制度。

在將公司交給兒子後，新任老闆卻說要重新改組。

A強烈反對這個決定，但經營顧問告訴持反對意見的A：「當社會隨著技術的發展而變化時，就會出現不需要的部門以及需要增加人力的部門。尤其是這十幾年來的變化相當劇烈。**企業畢竟是生物，我認為不該拘泥於以往的制度。**」

A在聽了這些話後，撤回他的反對意見。因為他在冷靜下來後想通了一個道理——沒有任何方式可以保證一定會成功。思考出對現在而言最好的對策，是新任老闆，也就是兒子的工作。自己要做的事就是改變以往的態度，守護兒子的決定。

◆正因為無形才是最強

孫子曾說過：「形兵之極，至於無形。」意思是，最佳的應對姿態是「不知道形體」或「沒有形體」。

即使知道自己的軍隊取得了勝利，也不會知道他們是如何做到的。這就是為什麼必須要配合敵人表現出來的樣子隨機應變。

只有根據情況應戰，少量的兵力才有可能戰勝大軍。打從一開始就不會有固定的模式，因此，最佳的方式是隨時改變策略，也就是保持無形。

對現在來說，最好的對策是什麼？能回答出答案的領導者，無論在什麼樣的情況下都能夠使組織成長。**執著於過去的成功只會讓自己無法跟上時代的變化。**

世上沒有「任何時代都通用的成功法則」。不要執著於過去的成功，要一邊思考對現在來說最好的對策，一邊戰鬥。

070 偶爾要試著展現出演技

善戰者之勝也，無智名，無勇功

◆看得見的行動和看不見的行動

一年到頭都在加班的人不一定是有能力的人。身為主管，絕對不可以因為下屬這樣的行為而受到誤導。

從主管的立場來看，很容易會注意到「努力工作」的下屬，因為這樣的下屬看起來很拚命。

但另一方面，也有工作有條不紊，非常能幹的人。如果只對看起來忙個不停的人給予好的評價，對於那些完美處理好工作的人來說，工作就會顯得很沒意義。

那如果是從客戶的角度來進行考量的話，結果會如何呢？為了得到客戶的信任，聰明地完成工作也很重要。不過**偶爾裝作很辛苦的樣子也可以得到很好效果，關鍵在於視情況來靈活運用。**

不要忘了，演技也屬於兵法的一部分。故意裝模作樣是不好，但**刻意隱藏必要的表現也不是上策。**

◆英雄在看不到的地方

孫子有句話是說：「善戰者之勝也，無智名，無勇功。」一個真正強大的武將會做好打贏戰爭應該要做的準備後才迎戰，因此當然會獲勝。由於沒有陷入苦戰或激戰，很多人都不知道他們到底是做了哪些努力。

舉例來說，中國思想家「墨子」曾勸阻試圖使用新兵器雲梯攻打宋國的楚王。雲梯是一種可以越過城牆將士兵送入他國的裝置，但宋國擁有可以飛越城牆的武器。不能因為王想要試一試新的武器而讓士兵白白犧牲。在墨子的勸說下，最後成功迴避了戰爭。據說，這兩國的國民甚至就連拯救自己的墨子是誰都不知道。

也就是說，真正完美做好的工作，並不會獲得大眾的關注。

完美完成的的工作並不會受到大眾關注，因此，有時也要進行必要的表現。適度的演技也算是兵法的一部分。

071

做到別人無法模仿的程度

微乎微乎，至於無形

◆企業的祕密由汗水和技術組成

建立卓越的生產系統並取得成功的企業，會吸引全國各地的公司前來考察，這點在製造業等產業尤其明顯。之所以會有這樣的行動，大多是覺得「百聞不如一見」。然而，技術並不是僅憑考察就能夠得知的事情。換句話說，**正因為累積了表面看不到的工夫，才得以在最後取得成功。**

汽車製造商Q公司名聲好到連大企業都會前往考察。近年來有許多企業往海外發展，讓大規模的工廠在廣闊的土地上運轉，但Q公司卻反其道而行。

Q公司的規模小到就連公司內部的職員都表示：「哎呀！因為太丟臉了，沒辦法給您看。」而且使用的設備還很陳舊。不過，其中卻濃縮著這家公司從過去累積至今的技術。

正常來說，一條生產線只能生產一種車型，若要變換生產的車型，就得花費大量的時間。然而，Q公司不僅可以在同一個生產線生產多種車型，而且完工的速度也非常快。

連前來考察的人也忍不住詢問：「為什麼一條生產線可以生產那麼多種車型，而且成本還這麼低廉？」負責人笑著說：「這是企業機密。」從他的臉上可以看出，他對這個好不容易建立起來的系統抱有多大的自信。

◆「神技」存在於細節

《孫子兵法》中有句話是說：「微乎微乎，至於無形；神乎神乎，至於無聲。」當名將在指揮時，對方完全不知道我方在做什麼。沒有型態也沒有聲音，敵人不知道要怎麼防守，也不知道要如何進攻。

這就是所謂的神技。

Q公司也是如此。無論其他公司考察地有多仔細，也還是不知道要怎麼做到跟Q公司一樣。這是因為Q公司**在看不見的地方累積了技術、工夫和努力。**

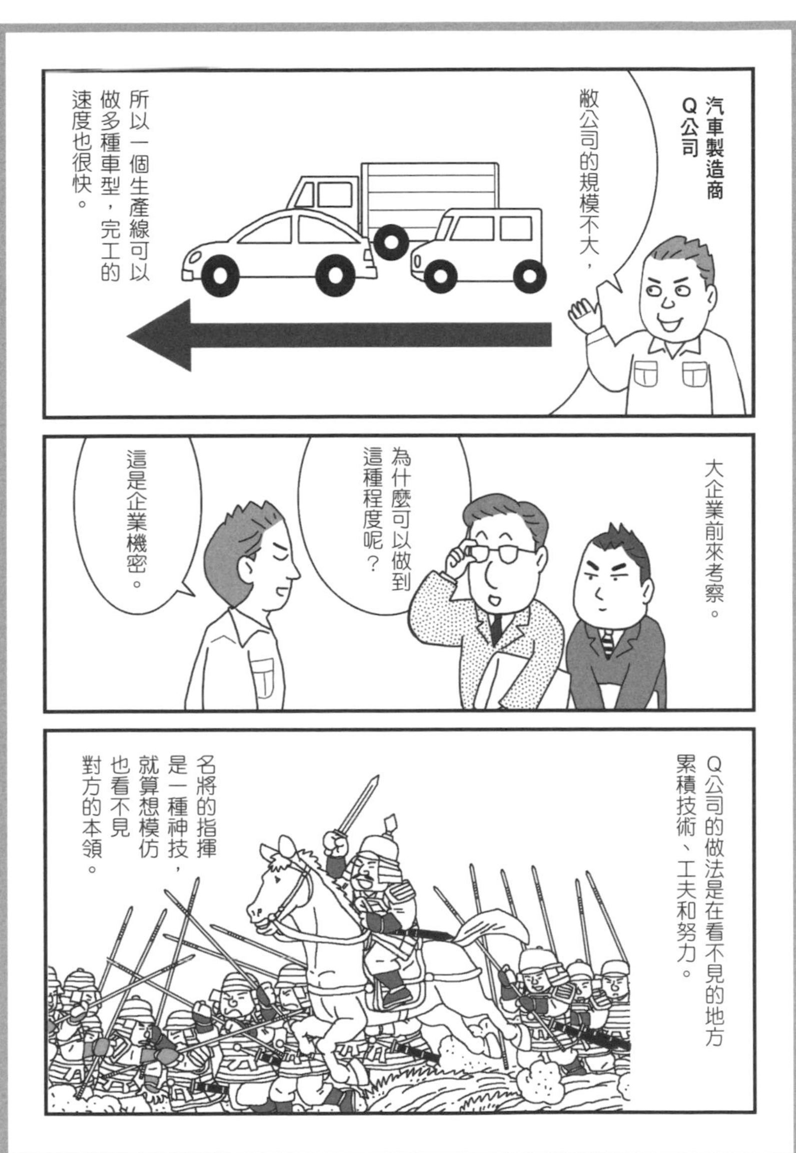

優秀的技術是建立在不會顯露在外的工夫和努力之上。請達到其他人無法模仿的程度，創造出「神技」。

072 有取勝的希望再開戰

勝兵先勝而後求戰

◆絕對不會造成赤字的「接單生產」

理想的情況是，凡事都在確定有勝算後再著手，工作也不例外。**正因為有獲勝的希望，才能夠輕而易舉地攻陷對方。**

那要如何知道是否有機會取勝呢？以商品為例，在確保有買方後才製造的「接單生產」既不會造成損失，價格也不會有太大的浮動。

在進入網路普及的時代後，接單生產的模式也出現了變化。不是按照訂單來製作，而是以「有夠多的人想要購買，才會製作那個商品」的方式來生產，就像是共乘船一樣。

舉例來說，當有人希望可以用兩萬塊購買粉紅色點點圖案的沙發時，製造商會先估算生產的成本，得到的結果如果是銷售一百五十張就能獲得盈利，那就會在網路開設訂購的網站。想要的人就去網站上下單，當訂單達到一百五十張後再開始生產。

以這種方式來生產可以達到雙贏的局面。對製造商來說，既不會造成任何損失，價格調整上也比較有彈性；而訂購者則可以用較為低廉的價格購入想要的商品。

近年來，從這種生產方式發展而來的「群眾募資」等系統也愈來愈普及。作為將想法化為商品的方法，已經逐漸融入日常生活中。

◆全部都是為了「不戰而勝」

《孫子兵法》中有句話是說：「勝兵先勝而後求戰。」這跟孫子經常說的「不戰而勝」是相同的概念。

如果一開始就確定勝算後再採取行動，那不管是面對什麼樣的對手都能夠取得勝利。要想在所有的戰爭中獲勝，就必須要做到這麼謹慎。

只要仔細、深入地探究，在工作上也可以找到「不戰而勝」的方法。接單生產的根本概念也是如此。

要先評估勝算後再開戰。只要先確定有獲勝的機會再採取行動，就能攻陷任何對手。

073

尋找不戰而勝的方法

不戰而屈人之兵，善之善者也

◆保全公司分發的防盜護身符

要打仗就必須要打勝仗。不過，**從戰略上來說，最好是在不打仗的前提下解決問題。**

S公司是在日本警備保全界中數一數二的大公司。然而，因為大眾一看到S公司，就覺得是「大企業專用」，導致S公司很難拓展低價格的保全市場，例如個人商店、小規模工廠和一般家庭等。

事實上，就算業務上門拜訪，對方也會表示「我們公司沒有大到需要委託S公司的程度」或「你們不是專門服務豪宅的保全嗎？」等。這些評論足以證明公司的品牌價值已經滲透到市場中，但要如何才能突破這個界限呢？

於是，營業部的E課長決定不管有沒有簽約，一律發放貼紙給該區域的住宅和商店。他指示下屬「讓住戶當成防盜護身符貼在門上」。

E課長的目的是藉由兩點來達到**抑制效果**。一個是張貼保全公司標誌帶來的防盜效果，另一個是用來表示S公司已經進入這裡，以達到勸退其他同業的效果。

而且業務也可以藉此再次拜訪貼上貼紙的住家和商店，屆時就能不慌不忙地與對方進行商談。也就是說，E課長「不戰而解決的戰略」完全奏效。

◆不花費任何一毛錢就取得勝利

孫子有句話是說：「不戰而屈人之兵，善之善者也。」**換句話說，可以避免會對國家造成損害的戰爭並取得勝利是最好的。**

以S公司的立場來說，他們也可以投入大量的人力來進行推銷，但如果只依靠人海戰術和銷售能力，就會陷入與他人進行激烈的競爭，互相消耗的局面。因此E課長才會採取「貼上貼紙」的策略。

並不是只有雙方正面產生衝突才能稱為戰爭。最好的戰略是，在避免相互消耗的情況下取得勝利。

074 利用藍海策略來決勝負

進而不可禦者，衝其虛也

◆居家清潔服務的規則

僅僅是在沒有人關注的領域發展業務，就能在戰爭中占有優勢。因為這樣就不會因為無謂的競爭而產生消耗。

例如，現代人已經對「家事代勞服務」和「居家清潔」等以往沒有的服務感到司空見慣。

過去有位青年將目標放在這個領域。他知道美國有提供居家清潔的公司，所以認為這個領域有很大的商機。就算當時沒有一家公司提供這類型的服務，他也深信這個服務總有一天一定會普及。

商業的基礎是信任，如果沒有信任，就無法走進私人的住宅。因此，為了避免引起問題，他制定了詳細的規則，就連兼職人員也都要培養專業的意識。

具體來說，其中一個規則是「就算是在整理室內，也不能把放在外面的物品收進櫥櫃裡」。這是為了防止偷竊、遺失等問題。此外，還要求員工不可以單獨前往，拜訪時一定要多人一起行動。最後，這家公司發展到日本全國各地都有其辦事處的身影。

◆進攻無人涉足的領域

孫子曾說過：「進而不可禦者，衝其虛也。」這句話的意思是，利用對手的弱點，讓自己在戰爭中獲得優勢。無人涉足的領域就是如此。

關鍵在於是否能找到可以加入的新領域並迅速採取行動。就清潔服務而言，大部分的人都覺得打掃住家是家庭主婦的工作，而且還有人會抗拒他人進入自己的房子。

很多人都會想到一樣的點子，因此，成功與否就取決於是否馬上採取行動。

在無人關注的領域裡，可以在避免無謂消耗的情況下發展業務。成功的關鍵在於「是否能在想到時就採取行動」。

第11章

將工作往前推進的「情報活用、蒐集」

讀懂情報的意思

塵高而銳者，車來也

◆為什麼零食的銷售情況會出現差異？

網路上充斥著各種訊息，但只是蒐集情報並不會帶來實質的幫助。重點在於**要讀懂每個訊息所代表的意思。**

P超市的零食銷售情況非常好，其他分店的店長因此紛紛前來考察。A店長在考察後馬上採購相同的商品進行販售，但銷售情況卻毫無起色。另一方面，B店長注意到P店更換了零食的種類，所以B店也跟著更換種類，結果銷售額出現明顯的增長。

A和B之間的差別在哪裡呢？重點在於詳細調查情報的含意。B店長領悟到的不是零食的種類，而是顧客「厭倦」的行為，所以才能順利提高營業額。

如上所述，A店長和B店長在解讀情報的能力上有所差異。因此，**只蒐集情報的A店長獲得失敗的結果，而深入挖掘情報的B店長則在最後獲得成功。**

在資訊社會中，決定勝負的不是情報的多寡，而是情報的品質。為此，**必須要擁有讀懂該情報中含有什麼意思的能力。**

◆從飛揚的塵土中解讀敵方陣營情況

孫子有句話是說：「塵高而銳者，車來也；卑而廣者，徒來也。」

這句話的意思是，從敵方陣營方向的塵土形態來讀取敵軍的動向。塵土高高地飛揚且頂端銳利，表示敵人正在推動戰車；相反地，如果塵土飛揚的高度低，範圍廣，就代表那裡有步兵正在前進；若是來來回回地揚起一點塵土，則代表敵軍正在搬運貨物，搭建營帳。

僅僅只是從飛揚的塵土，就能夠讀取到許多情報。因此，正確解讀情報的人可以在戰爭中取得優勢。

比起量，情報更重視質。能夠從獲得的情報中解讀出含意的人，就可以讓事物朝著對自己有利的方向發展。

076 蒐集有用的情報

有因間，有內間

◆如何獲得新鮮的情報

商業上需要的情報有很多，但其中**最好用的不是一般流傳的情報，而是待在業界的人所帶來的情報。**

然而，業界人士並不一定知道自己正在傳達重要的情報。因此，必須努力從他們這個態度中進行解讀。

例如，接電話時的應答，以及站在接待處時的公司內部氛圍等，也能反映出企業的情況。如果能夠讀懂氣氛，就能分辨出與平時的差異。

事實上，當公司的職員無視前來拜訪的客戶，就代表這家公司危機處理能力有待加強。如果是善於電話應對的公司，則可以預期公司內部的表現應該也很不錯。

此外，也可以觀察一下員工吃飯時的態度，會發現很有趣的事情。例如，在附近的便當店等餐廳吃飯時和對方話家常：「A公司的人也會來這裡吃飯嗎？」「啊……A公司的人啊……」從回答的語氣中就能得知那家公司的在外的名聲。**人在吃飯的時候很容易會露出「真面目」**。出乎意料的是，從這些地方就會表現出公司的性質。

◆從五個「間」可以獲得的情報

《孫子兵法》中有句話是說：「有因間，有內間。」孫子在這個部分針對間諜進行詳細的說明。孫子主張，要在戰前取得勝利，就需要可以分析情況並做出正確判斷的情報。這些情報的來源就是「間」。

間分為五種，分別是「鄉間」、「內間」、「反間」、「死間」、「生間」。其中，鄉間是指熟悉當地的在地居民；內間是指待在敵方組織內部的人；反間是間諜；死間是向對方傳達錯誤情報的人；生間則是指帶回情報的人。

無論是哪一種類型都與情報有關，由此可見，孫子有多麼重視情報。

在業界裡的人帶著高品質的「新鮮情報」。引誘對方露出「真面目」，找到隱藏其中的線索。

077 建立內、外的情報來源

三軍之事，莫親於間

◆打招呼能拓展人脈

平時會到各種地方露臉的人，自然而然地就會蒐集到情報。

一個打招呼的小習慣，有助於躲避意料之外的危機。

D是一位業務，他無論走到哪裡，都會有人向他打招呼，朋友和熟人多到連一同行動的課長都感到吃驚。

D自己很謙虛地表示：「我只是很會打招呼而已。」但實際上並非如此，他會在炎熱的天氣，拿著飲料和冰淇淋到客戶的公司慰勞對方，將「各位，天氣真的很熱呢」的想法化為行動。因此，這份心意才能順利傳達給對方。

另外，他抵達拜訪的地方時，也會跟停車場的警衛問好。不僅如此，還會利用準備開車離開間隙與對方閒聊，有時還會一邊說著「雖然不是什麼大不了的東西」一邊將啤酒券遞給對方。得益於此，D總是能停在好出入的地方。

有一次，那位警衛告訴D：「雖然是B貿易公司的事，覺得還是得跟你說一聲，最近晚上好像有一些可怕的人在B貿易公司進進出出。」

聽到這個消息的D，與主管商量後決定先停下手邊正在進行的大案子。結果，B貿易公司在隔月倒閉了。**多虧事前得知的情報，公司才得以倖免於難。**

◆到處都有情報

孫子曾說過：「三軍之事，莫親於間。」也就是說，**只要可以藉由親近各種不同的人來獲得情報來源，就能在戰爭中取得優勢。**

人脈廣的人自然而然地就會獲得情報。即使不主動蒐集情報，也能即時得知各種不同的消息。

【人脈廣的人自然而然地就能蒐集到情報，這些情報有時甚至能救自己一命。】

獲取當地的即時情報

不用鄉導者，不能得地利

◆站在對方立場以獲得情報

近年來，不只是住宅和交通工具，在生活用品等各種領域「無障礙」也愈來愈普及。

這證明了，照顧老年人和身心障礙者的想法也逐漸蔓延到企業界。

參與這類設計的人主要是從使用者那裡蒐集情報。例如，即使只是普通的欄杆，也在握把粗細和安裝位置等各種部分下了不少工夫。不過，並不是所有的意見都有聽到，使用者的想法有時可能沒有順利地傳達給對方。

因此，有人發明了一種用於體驗老化的模擬用具。護具、放入重物的背心、手套和黃色的太陽眼鏡等，可以用來體驗關節炎、白內障以及感覺遲鈍化等症狀。在體驗過程中，就能感受到哪一種椅子坐起來比較輕鬆，哪一個標誌連老年人都能輕易辨識等。

蒐集再多表面上的情報，也看不到事物的本質。**如果想了解顧客真正的需求，除了直接詢問他們外，也可以試著自己體驗看看**，從中得知**最即時的情報**。

◆前往現場用自己的眼睛來確認

《孫子兵法》中有句話說：「不知山林險阻沮澤之形者，不能行軍；不用鄉導者，不能得地利。」

就算特地派遣士兵，如果不熟悉地形或是沒有當地嚮導的幫助，士兵就沒辦法運用地形來布陣。此外，在完全不了解地形的情況下，就連軍隊都無法前進。

要有當地的即時情報，戰略才能發揮出作用。若不了解地形，就必須親自前往當地以自己的眼睛來調查。

最新鮮的情報之所以會難以入手，就是因為其擁有可以左右勝敗的影響力。要獲得情報就不要吝嗇於付出時間和精力。

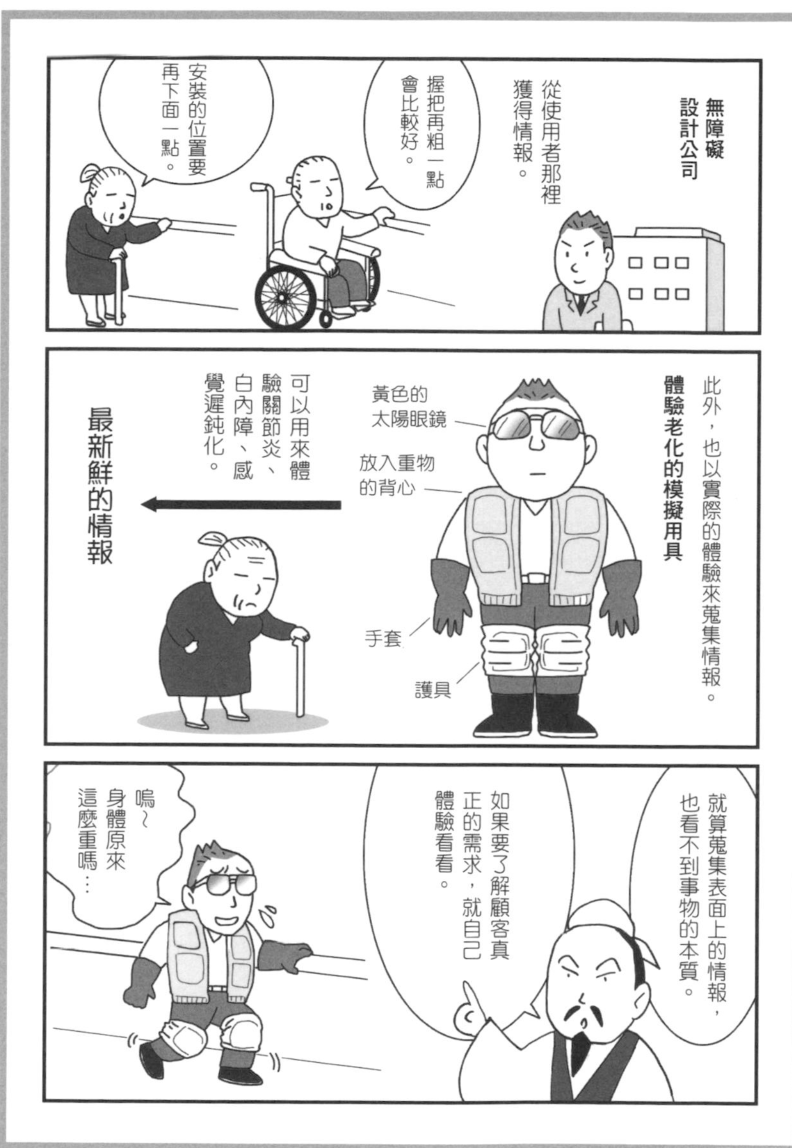

要知道事物的本質，最重要的是要親自去現場體驗。為此，不要吝嗇於付出時間和精力。

079 接觸各種情報

鳥集者，虛也

◆好奇心會加快蒐集情報的速度

商務人士必須要擁有對情報的敏感度。**不僅僅是閱讀經濟日報，還要藉由獲得廣泛的情報來預測不久後的將來。**

其中也有些人沒有多餘的時間蒐集情報，在這種情況下，最好設法從平時的行動中來取得。例如，通勤捷運裡的時尚裝扮、餐館的商業午餐、捷運和公車裡的廣告等，隨處都可以看到了解「現代」的線索。

或是到便利商店和超市看一下架上的商品。過去有些商品只有一部分的人會關注，例如「薄酒萊新酒」等，但現在一到初冬，店面就會擺滿這些酒類。日本關東地區的「惠方卷」等也是如此。

在這些商品的發展中，不僅表現出企業的行銷活動，還顯示出人們關注的焦點。其中有許多都反映出了時代性。

這些情報不可以只是用看的。驚呼「哎呀！」、覺得「有趣」、追求「為什麼？」的態度都有助於創造出新商品。**不要只是四處看看，要試著深入挖掘。**

◆從各種數據來解讀社會

孫子有句話是說：「鳥集者，虛也。」意思是，如果有什麼地方與平時不同，那這個地方可能藏有機會或線索。

例如，有傳聞指出「蝦子的消費量顯示出國力」。英國在統治七大海洋，並被稱為「日不落帝國」時，蝦子的消費量相當地多。此後，包括日本在內的已開發國家的蝦子消費量也愈來愈多。蝦子的消費量與國力之間的關係有待商榷，但**有時確實可以從一些乍看下不合邏輯的數據中解讀社會**，像是暴力犯罪和經濟停滯，以及「經濟不景氣時裙子的長度就會變短」等。

要提高蒐集情報的速度，就必須要有好奇心。有時可以從乍看下不合理的情報中，獲得意料之外的情報。

客觀地看待調查數據

越人之兵雖多，亦奚益於勝哉

◆問卷調查的結果不一定都正確

「問卷調查」除了可以用來調查對商品的關注度和使用者的滿意度，還能活用在員工評價等方面。

有很多企業非常重視這些調查結果，因為可以反映出顧客真正的心聲。

將問卷調查的結果轉換成數字後，確實可以成為可靠的數據。但各位應該要有事實並非完全如此的認知。

以將滿意程度分為五個階段的調查為例。這五個階段分別是「①很滿意」、「②滿意」、「③普通」、「④不滿意」、「⑤很不滿意」，但以這樣的方式來區分滿意度，真的可以確實掌握實際的情況嗎？

其中尤其**必須注意「普通」這個選項**。大部分的日本人都不習慣提出批評或否定的意見，因此，除非有特別的理由，否則他們不太可能會給予「④不滿意」、「⑤很不滿意」的評價，以致於就算有點不滿意，仍然會選擇「③普通」。

換句話說，進行這類型的調查時，有很多人會選擇「③普通」，所以**在進行問卷調查時，必須要考慮到這種性格上的傾向。**

◆贊成者的真心話在哪裡？

孫子曾說過：「越人之兵雖多，亦奚益於勝哉。」這句話是指，士兵的數量再多，都不代表一定可以獲得勝利。

成語「多頭馬車」也是在形容類似的情況：即使贊成者眾多，也不代表一切都能夠順利地進行。

問卷調查也是如此，填問卷的人愈多，愈只能得到多數人的意見。所以**如果無視回答者的性格與問卷調查的傾向性，就沒辦法適當地活用得到的數據。**更不用說夾雜著個人觀感所得到的結果。

因此，在使用數據時必須連這點都一併納入考量。

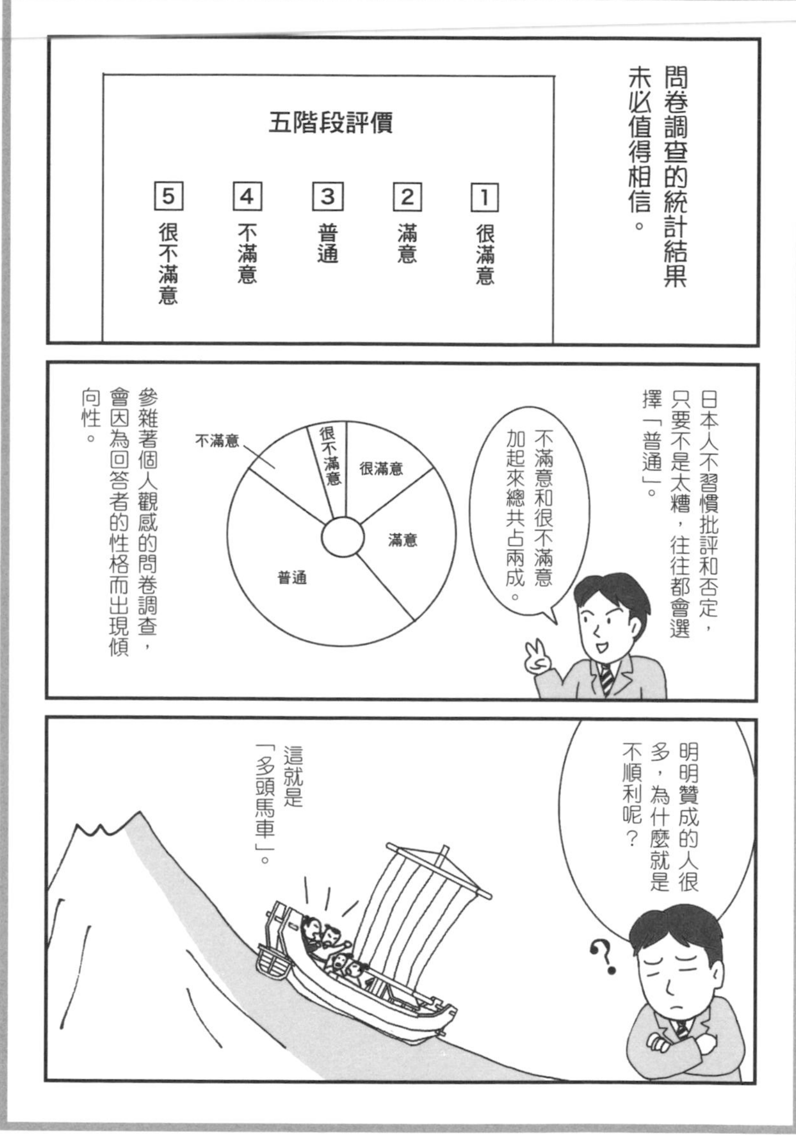

活用數據時，要有顧客的心聲會有傾向性的認知。贊成者很多沒錯，但並不代表事情可以順利地進行。

第12章

促使自己成長的「習慣」

利用外表來拉開距離

兵者，詭道也

◆有九成的人都看外表

人往往會根據外表來評價他人的好壞，而不是根據他人的內在來做出評斷。因此，整理外表非常重要，而且**應該也要將第一印象視為實力的一部分。**

尤其是在工作方面，首先必須要從整理好衣著打扮開始。有一位自由攝影師表示：「假設有兩位能力相當的攝影師，通常會接到工作的是看起來會賺錢的那個人。」之所以會這麼說，因為他自己曾經有過穿著雙親留給他的昂貴服飾去洽談工作，結果爭取到著名雜誌寫真連載專欄的經驗。

在美國也曾進行過類似的實驗。實驗的內容是，在公共電話留下硬幣後，等下一個進入電話亭的人出來時，向前詢問：「請問有沒有看到留在裡面的硬幣？」如果穿著整齊地詢問，對方通常都會回答「有」並歸還硬幣，但若是穿著邋遢的話，很多人都會回答「不知道」。**一般都說「不能以貌取人」，但穿著整齊的人更容易博得他人的好感。**

如果是在工作場合上，在遞名片打招呼前，也就是在進入對方視線的那一刻開始就已經決定出勝負。由此可知，若能夠利用外表來拉開差距，事情就會朝著對自己有利的方向發展。

◆只要可以改變外表，也就能操縱自己給人的印象

《孫子兵法》中有句話是說：「兵者，詭道也。」其中的「詭道」是指脫離普通程度的方法。

孫子提倡的想法是，戰爭的基本是正面進攻法，但也必須採取欺騙對方的作戰方式。

此外，孫子也認為利用外在的樣子來欺騙敵人眼睛的策略也很有效果，例如，「假裝撤退實際上是進攻」以及「明明近在咫尺卻看起來好像離得很遠」等。

由此可知，**人大多都會透過眼睛來判斷事物。**只要反過來利用這點，就能營造出對自己有利的情況。

【人往往都會根據外表來評價他人，所以也要將第一印象視為實力的一部分。】

展現出威嚴

威加於敵，則其交不得合

◆魔術師的忠告

第十六任美國總統亞伯拉罕・林肯曾經表示：「年過四十就得為自己的外貌負責。」這裡的「外貌」不僅僅是指臉型和五官，還包括姿勢和動作等「外在風貌」。

在美國總統大選中，從服裝到說話方式都會有專門的工作人員提出建議。

一九八八年，布希陣營中人稱「魔術師」的R・艾理斯對老布希提出以下的忠告。

①說話聲音要低而且語速要慢。

②談笑的時候不要將視線從對方身上移開，做出手伸向前方的姿勢，並笑著說話。

③在討論或採訪時，要抬頭挺胸地坐在椅子的前緣，並在傾聽對方說話時，將身體往前傾。

這些建議都會讓人展現出「充滿活力、品行誠實」的形象。

不只是總統，對商務人士來說形象也很重要，而且不光是外貌，連身上穿戴的飾品也要留意。在外在上比較落於下風的人尤其應該注意。

◆領袖魅力會展現出威嚴

孫子曾說過：「威加於敵，則其交不得合。」這句話的意思是，君臨天下的王，自然而然地就會散發出威嚴。

敵方也會感受到這種威嚴。只要讓他人屈服王的壓迫，失去對抗的意志，就能達到「不戰而勝」效果。

也就是說，真正有能力的王，即使不採取外交的行動，也能藉由自身具備的威嚴讓周圍的人甘願服從。這或許就是現今所說的「領袖魅力」。

即使沒有領袖魅力，也能利用注意自身外在風貌的方式來展現出威嚴。隨著時間的累積，這些行為終將會培養出真正的威嚴。

即使沒有領袖魅力，也能利用注意自身外在風貌的方式來展現出威嚴。表現演技也是一種有效的戰術。

083 善用「模仿」

因形而措勝於眾

◆「模仿」帶來的好處

就如同「依樣畫葫蘆」這句話的意思，單純模仿他人並不能獲得好的評價。

不過，對學習來說模仿是很重要的一部分。孩子就是在模仿大人的過程中習得知識和語言。

另外，以繪畫的常識來說，一般都會透過臨摹的方式來學習繪畫的技巧。**為了提高自身的能力，模仿是不可或缺的手段之一。**

模仿還有其他的用處。人會傾向於欣賞與自己相似的人，這種現象稱為「相似性因素」，主要的傾向如下：

- 比較容易對態度與自己相似的人伸出援手。
- 對於與自己相似的人，會高度評價對方智商水平。
- 比較容易和態度與自己相似的人合作。
- 和與自己相似的人一起工作會很開心。
- 對於與自己相似的人，會高度評價對方的業績。
- 比較容易對態度與自己相似的人抱有好感。
- 會錄用信念與自己相似的人。
- 對於態度與自己相似的人，會願意給予高薪。
- 會同情與自己相似的罪犯。

◆模仿對方時會了解對方本意

不知道是不是因為知道人有上述的這些特性，美國有很多人會模仿老闆，例如穿相同品牌的衣服或打相同的領帶等。有時甚至可以透過模仿不擅長應付的人，來改善彼此之間的關係。

孫子有句話是說：「因形而措勝於眾。」意思是，要根據對方表現出來的樣子來取得勝利。

就如同水會順著器皿而改變形狀一樣，要利用變幻無常的應對方式來戰勝對方。在這個過程中，有時還會採取模仿對方的策略。

戰況隨時都在改變，透過觀察並模仿對方的行動，就能看穿對方的真正意圖。

觀察周圍的情況和對方的態度，並藉由變幻無常的模仿來看穿對方的真心。只要知道對方的態度就能獲得勝利。

084

利用第一印象打造良好的形象

形之，敵必從之

◆第一印象會一直留在記憶裡

最初的印象通常都很難改變。

因此不管在哪一種場合，都必須重視展現出來的第一印象。

舉例來說，假設一開始就被介紹說是個「有能力的男人」，即使只是工作做得不錯，也很容易會讓人產生出「不愧是有能力的人」的想法。而且就算工作失誤，他人也會想說「應該是身體狀況不好吧」。相對的，如果被介紹成是個「粗心大意的人」，即使稍有疏忽，他人也會覺得「果然很粗心」。由此可知，只要不推翻最初的印象，對外的形象就不會發生變化。

所以**若是可以有效展現出第一印象的話，就能成為受歡迎的人。**

據說，北條早雲很擅長利用第一印象。在獲得新的領地時，他會將年貢調整到最低，以此來抓住領民的心。藉由留下「這次的領主大人是個好人」的印象來團結領地的領民，最後就連國家的管理都能夠一帆風順。

◆工作由第一印象決定

孫子曾說過一句話：「形之，敵必從之。」也就是說，如果在一開始先固定對外的形象，敵人也不得不根據這個情報來採取行動。

相對地，如果剛開始塑造的形態不理想，那即使之後付出再多的努力，戰況也不會出現好轉。這點與第一印象相同，必須從最初的形象來對事物進行判斷。

在工作方面第一印象尤其重要，所以**盡可能地設法向對方傳達出「好的形象」**，例如能幹、誠實、工作迅速、爽快或坦率等。此外，思考適合自己的「最佳形象」，也有助於改善第一印象。

第一印象會長時間留在對方的記憶中。事先思考適合自己的「最佳形象」，有助於有效展現出良好的第一印象。

085

搶先出手並掌握主導權

善戰者，致人而不致於人

◆如何與一絲不苟的客戶抗衡？

如果被對方的節奏拉著走，那事情就無法照自己的想法進行，如此一來，就會在談判時落於下風。為了避免陷入這種情況，就必須要**領先對方。**

H是一家廣告代理商的新進業務。然而，他卻因為初次獨自負責的總承包商D公司而痛哭流涕。

過去面對D公司的每一任負責人其實都曾陷入苦戰。這是因為U部長非常一絲不苟，連瑣碎的事情都會反覆地確認後才定案。

例如，隔天早上再回覆也完全來得及的事情，他也會留言說「請馬上回覆」。只要試圖擺出隨便應付的態度，他就會非常生氣。

在這樣的情況下，H根本沒辦法處理其他工作。

感到束手無策的H決定先下手為強，發送一封確認信給對方，通知預定的進度，並在前一天和當天主動聯繫。就連發送傳真時也會打電話告知對方「現在正在發送」、「您收到了嗎？」。對於如次周密的應對，U部長感到相當地放心，最終他對H抱持著百分之一百的信任，並將工作完全交付給H。

◆帶入自己的節奏

《孫子兵法》有句話是說：「善戰者，致人而不致於人。」這裡的「致」是指掌握主導權。

換言之，孫子的意思是，善戰的將軍不會被敵人的步調牽著走，而是按照自己的節奏行事。

如果不小心受到對方步調所左右，就要主動採取行動，並掌握主導權。只要能按照自己的節奏行動，情況就會大幅改善。

第12章 促使自己成長的「習慣」

如果被對方牽著走，事情就無法順利進行。主動採取行動並掌握主導權，盡可能地將事情帶往對自己有利的狀態。

086 改變自己而不是改變他人

不能使敵之必可勝

◆過去和他人不能改變

「如果那傢伙先改改他的態度，我也會改變自己的態度。」

「如果那個課長願意認可我，我當然會努力啊！」

有時都會聽到有人這麼說。這種態度乍看下強硬得很合理，但實際上只是在等待對方改變，是一種極其消極的態度。

從根本上來說，自己明明給予對方的評價很低，卻還在期待那個人會改變，本身就是一件不合理的事情。**與其等待讓人感到不滿意的對方迎合自己，改變自己才是上策。**

改變對方並不是件簡單的事，更何況，愈是讓人覺得「荒唐」的人，愈難朝著好的方向改變。由此可知，等待對方改變只是在浪費時間。

因此，請試著以自己的節奏來行動。對方不打招呼，那就自己先打招呼。與其讓自己感到有壓力，不如乾脆地說「早安」，只要自己覺得神清氣爽不就好了嗎？

日本鐵皮玩具博物館的館長北原照久曾在訪談中表示：**「過去和他人固然不能改變，但未來和自己是可以盡情改變的。」**只要放下自己的執念，就能讓未來更美好。

◆可以為了避免失敗而採取行動

孫子曾說過：「不能使敵之必可勝。」意思是，很難將戰事安排到讓對方一定會吃敗仗。

不過，儘管很難阻止敵人取勝，但可以為了避免讓自己失敗而採取行動，而且後者會比前者還要容易許多。光是希望對方吞敗仗，什麼事都不會改變，因此，不要等待對方改變，而是要先改變自己。

有些人因為滿腦子都是對方的事，導致無法專心做自己該做的事情。**最好想一想，自己可以做些什麼來避免失敗。**

與其希望對方迎合自己，不如從自己開始改變。只要放下自己的執念，就能讓未來更美好。

利用空閒時間磨練自己

恃吾有以待之

◆善用零碎的時間

日本有句諺語是「果報は寝て待て」，意思是「只要靜靜地等待，幸福自然會來」。其中的「寝て」是指「睡覺」，但如果真的睡著，就會在不知不覺間錯過幸福。因此，關鍵在於「做好準備，擺出沉著的態度」。

只要觀察英文會話補習班的廣告就會發現，大多都是用來吸引「工作太忙沒有時間學習英文會話的人」，畢竟大部分的人都是拿這句話當作藉口。

不過，即使沒辦法抽出完整的時間，也應該會有零碎的時間。**請找出可以在五分鐘或十分鐘這種零碎的時間內完成的事。**

某個外商貿易公司的課長正在執行「捷運課程」。身為外商企業的負責人，他經常得用英語與其他人交流，所以他會在前往洽談的捷運上進行熱身。例如，看著張貼在捷運裡的廣告，在腦海中將標題轉換成英文。

日語和英語的語序不同，只要在腦中切換成主詞後面緊接動詞的「英語模式」，就能夠順利地進行談話。

換句話說，就是設法提高自己的英語能力。

◆磨練自己會帶來機會

孫子有句話是說：「恃吾有以待之。」意思是，愈是聰明的武將，愈會事先加強防守，而不是指望自己可以遇到敵人沒有進攻這種幸運的事情。

在商務場合中，「防守」是指磨練自己。**平時勤加學習，經常磨練自己的人，無論眼前是危機還是機會都能夠順利應對。**不如說，致勝的機會是留給準備好的人。

相對地，**以沒有時間為藉口，完全沒有做準備的人，在機會來臨時根本無法採取任何動作**，只能眼睜睜地看著機會溜走。而且還會因為危機而大幅地倒退。

因此，首要之務是善用零碎的時間，以避免遇到這種情況。

如果平時就不斷地磨練自己，無論眼前的是危機還是機會都能夠順利應對。不要拿沒時間當作藉口，讓機會溜走。

提早抵達現場

先處戰地而待敵者佚

◆比約定的時間早三十分鐘抵達

盡可能地提早採取行動是工作的基本。如果是在最後一刻才趕上約好的時間，就沒辦法平靜地進行商談。會議、洽談以及發表等，全部都是如此。

有一位資深業務在拜訪客戶時，一定會**比約定的時間提早三十分鐘抵達**。而且他會在客戶的公司附近走走散步，藉此查看那一帶的街道風景，例如新店鋪、道路、商店和行道樹等。這是為了從街道的變化中尋找話題。

等到實際拜訪時，就會和對方聊聊「哪裡開了一家新的蕎麥麵店」等，以共同的話題來暖場。如此就能緩解雙方的緊張，商談也會順利許多。

如果遇到商談的內容不太好達到共識時，稍微流點汗再拜訪，可以給人一種「百忙之中還抽空趕過來」的印象，這也是談判的技巧之一。但這是**只有比預定的時間還要早抵達的人，才可以使用的招數。**

◆沒有餘裕的人總是一副手忙腳亂的樣子

《孫子兵法》第六篇〈虛實篇〉的開頭是：「先處戰地而待敵者佚。」這句話的意思是，唯有先前往戰場才能獲得抓住勝利機會的線索。

時間上有餘裕時，內心也比較容易感到從容。只要提早搭車移動，就算在過程中遇到事故或塞車也不會有問題，最起碼可以有足夠的時間聯繫對方。

相對的，沒有餘裕的人總是一副手忙腳亂的樣子。不要說控制時間了，甚至連自己的行動都受到時間控制。這樣的人不可能採取具有戰略性的行動。

因此，請從現在開始試著比平時還要早採取行動，並習慣從中產生出來的從容感。

要比約定的時間還要早抵達現場。內心感到從容時，比較容易採取戰略性的行動。

無論在什麼情況下都不要遲到

後處戰地而趨戰者勞

◆下定決心不要成為時間小偷

讓對方等待就是在「浪費」對方的時間，而且理所當然地，對方就會認為你這個人比起對方的時間更重視自己的時間。從這點來看，遲到的確是個沒有禮貌的行為。

以心理學的角度來說，晚一點抵達的行為是在表示，自己站在控制對方的位置。喝酒聚會時，一定會有比較晚到的人，但在他們的內心深處，或許是在宣揚自己的時間應該比他人的時間更受到重視。

另一方面，也有那種故意比約定的時間晚到，會被視為很有禮貌的情況，例如，受邀參加家庭聚會的時候。這種時候晚一點到，是在體貼對方可能還來不及準備好。

不過，根據時間和場合，情況也會有所不同。舉例來說，在受邀拜訪主管家時，最好提前抵達。如果在主管家附近打電話詢問「我稍微早到了一點，有什麼需要幫忙的嗎？」還會顯得自己很機靈、細心。

不管是哪一種情況，都不會有正確的答案，最重要的是，要**了解自己的行為會帶給對方什麼樣的影響。**由此可知，下定決心「無論什麼情況都不要遲到」也是戰術的一種。

◆光是遲到就會對人產生消耗

孫子曾說過：「後處戰地而趨戰者勞。」這句話的意思是，晚到的人必須在消耗殆盡的狀態下面臨戰爭。

孫子在這部分提及有關遲到那方的不利之處，尤其必須避免因為自己的失誤而遲到。不過，有目的的遲到或錯開時間並不一定會造成負面的影響。

能夠根據時間和場合做出應對的人，不管在什麼地方都會受到重視。無論如何，對時間不敏銳的「時間小偷」在現代社會並不受歡迎。

能夠根據時間和場合做出應對的人，不管在什麼地方都會受到重視。

Q90 不要隨著憤怒起舞
將不可以慍而致戰

◆感情用事的人會吃虧

隨著憤怒起舞並不是什麼好事。

因為**生氣的時候不僅判斷力容易受到影響，還會不小心衝動行事。**

R是一位業務，某天他在被主管訓斥後，帶著不好的情緒出去跑業務。再加上當天對方的負責人不在，出來的是與R意見不合的代理課長。

R平時即使聽到令人不愉快的話，也會避免正面回應，打哈哈地說：「我認輸，請饒了我吧。」然而，R在那天卻不小心回嘴：「為什麼我要被你說成這樣啊。」代理課長聽到後臉色驟變。

而且他之後還忘記跟比較晚到的部長打招呼，導致連部長都很生氣。感情用事的R回到公司後一直覺得很懊悔，但為時已晚。負責人在傍晚時來電時對R說：「為什麼連部長都生氣了啊？我們今後不會再跟你們做生意了。」

R就這樣失去了一個重要的客戶。

如果像R這樣抱持著負面的情緒與他人對峙，對方當然不會做出和善的反應。因此，**生氣的時候應該要讓大腦稍微冷靜一下，等到平靜下來後再回去工作。**

◆負面情緒也會影響到他人

孫子有句話是說：「主不可以怒而興師，將不可以慍而致戰。」意思是，不要在受怒氣擺布的情況下行動。

在感到煩躁時，行動會受到感情支配，以致於無法做出體貼對方的應對。通常也是在這種時候鑄下大錯。有句成語「雪上加霜」，就是在形容此情況，但這是自己的負面情緒所引起的結果。

憤怒等負面情緒也會感染他人。因此，請不要在憤怒的時候採取行動。

感情用事時判斷力會下降，很容易衝動行事。發火時，要讓大腦稍微冷靜下來再回去工作。

第 13 章

在嚴峻的社會中生存下來的「心理準備」

Q91

也要傾聽批評的聲音

智者之慮，必雜於利害

◆也要連同缺點一起傳達

在會議上報告時，有些人只會列出優點。但**如果只強調好的一面，人會感到不安。**因此，必須從其他角度對提出的情報進行驗證。

如果有另外補充「有一個問題，但只要這麼做就能夠解決」，就能夠讓人感到安心。

如果整家公司的員工面對老闆都是「沒問題先生」，那就會陷入溫水煮青蛙的狀態，並在不知不覺間被煮到熟透。也就是說，公司的競爭力將會往下滑。

要加入立場完全不同的人，才能夠獲得更寬廣的視野。沒有反對意見的會議，不過只是例行性的報告而已。領導者必須要有面對批判的勇氣以及接受批評的肚量。

據說，德川家康認為：「會勸諫主公的部下，其功勞比第一個以槍戰勝敵軍的人還要大。」所以他也會傾聽反對的意見。而且這個「自己會傾聽意見」的態度，還可以讓部下養成思考的習慣。

「向主公提出的想法」如果實際得到接受，部下就會感到很愉悅。

只要能像這樣創造出一個會接納意見的環境，那各方就會願意提出意見，組織也會更加有活力。

◆優秀的領導者也會傾聽批評的聲音

《孫子兵法》中有句話是說：「智者之慮，必雜於利害。」換句話說，愈是聰明的將軍，愈會從正、反兩面來考慮整體的局勢。

只說對方喜歡的意見，或是只聽取自己聽了會開心的事情，都不能說是聰明人的態度。好、壞兩方面都說，才稱得上是真正的意見。

優秀的領導者也會積極地聽取批評的意見。相反地，如果公司會更換提出忠告的幹部，那就等於是亮起破產的緊急信號。

最重要的是，凡事都要從正、反兩面來考慮。領導者必須要有「面對批判的勇氣」和「接受批評的肚量」。

Q92 不要安逸於過去的成功

舉秋毫不為多力

◆從髮蠟到芳香劑

過分相信自己的實力是一件很危險的事。在商務方面也是如此，**安於現狀的公司不會成長。**如果沒有成長，不久後就會被其他公司超越。

在室內芳香劑中擁有很大市占率的S公司，最初是以髮蠟起家。

日本走出戰後的混亂期，逐漸安定下來的時候，人們認為今後應該要開始注意儀容。

S公司的市場預測非常準確。髮蠟為頭髮帶來的光澤感，象徵著男人懷抱著熱情，想要建設新日本的自尊心。

但S公司的老闆並沒有因為這樣的成長而感到安心。如果有一個擁有更多資本額和銷售渠道的大企業加入這個市場，以S公司的規模將難以與之抗衡。

於是，老闆將目標轉向廁所。儘管當時市場上已經有除臭劑，但S公司創造了名為「芳香劑」的新類型。

這是老闆不安於髮蠟帶來的成功所做出的英明決定。不久後，除了廁所外，客廳、玄關和車內等地方也開始出現芳香劑的身影。

芳香劑就這樣在之後成長為一個不容忽視的廣大市場。

◆放眼未來並持續挑戰

孫子曾說過：「舉秋毫不為多力。」這句話的意思是，即使能拿起羽毛，也不能代表很有力量，在有限的條件下不能過於相信自己。

過去的成功是過去的事情。為了進一步發展，必須放眼未來，累積新的挑戰。

有時也要**懷疑自己的實力。**懷疑會讓人產生危機感，從而帶來更多的努力和辦法。無論是個人還是企業，唯有不斷設法創新的人才能取得豐碩的成果。

安於現狀組織不會成長。放眼未來並累積新的挑戰，終有一天會獲得豐碩的成果。

093 加強防守

善守者，藏於九地之下

◆強行留下虧損部門的原因

無論在什麼樣的場合下，取得勝利的基本都是邊觀察戰況邊決定要進攻或防守。

仔細觀察對手並做出相應的應對，會為自己的公司帶來勝利。

在日本威士忌市場的市占率高達二分之一的S公司也有販售啤酒。不過，因為進入啤酒界的時間較晚，時不時就會陷入虧損的狀態，但據說S公司並不打算退出啤酒市場。

為什麼S公司不撤出啤酒市場呢？原因是為了不讓「只要製造威士忌就有錢賺」的安逸感在公司內部蔓延。「想辦法彌補啤酒帶來的虧損」這個想法會使公司內部產生緊張感，有助於讓員工努力地工作和思考出辦法。

當然，這是只有在威士忌方面取得成功的企業才能做到的事情。從戰略性的角度來看，可以說是商業界的「生小病保健康」。「生小病保健康」概念來自於，身體至少罹患一種疾病時，會養成看醫生的習慣，如此一來，自然就會比較容易做健康管理。

以長遠的角度來說，S公司追求的是培養出健康的企業體質。這是只有在充分了解自家公司、其他公司以及整體市場的情況下，才能採取的戰略。

◆該防守的時候防守，該進攻的時候進攻

孫子曾說過：「善守者，藏於九地之下，善攻者，動於九天之上。」意思是說，防禦時要像是潛入地底一樣避免被對手察覺；進攻時要像是從天上往下俯視一樣，仔細觀察情況後，抓住敵人露出的破綻。

不管是防守還是進攻，草率地進行都不會得到良好的效果。**只有在該防守的時候防守，該進攻的時候進攻，才會獲得穩定的價值。**如果能夠做到根據情況決定防守或進攻，組織就會更加堅固。

隨機應變地採取進攻和防守的組織會更加堅固。如果在採取行動的同時仔細觀察對方，在任何情況下都能獲勝。

094 對敵我雙方採取相應的策略

用而示之不用

◆在敵人的門前打破水缸

據說日本人不擅長策略性交涉。在看到國際會議的情況後，應該有很多人重新認識到這點。

那在商場上又是如何呢？

一昧地正面對決或正面突破並不是最好的方式，有時隱藏我方的真正意圖會讓情況對自己更有利。

在日本的戰爭中經常會出現攻城戰。決定攻城戰勝敗的不是糧食而是水，因為就算沒有糧食也還可以堅持下去，但水就好比是人類的生命線。

柴田勝家在遭到圍城，面臨斷水的時候，反而在敵人的門前喝水，並在之後打破水缸，讓敵人看到他們毫不珍惜珍貴的水源。這個行為的目的有兩個，一是，讓敵人認為「我方還有足夠的水」，二是堅定我方「只能出擊」的覺悟。

這種策略對敵我雙方都會產生影響。如果像柴田勝家一樣伺機採取策略，就有可能會對內、外造成對自己有利的影響。希望商業人士也試著領略這種策略的妙處。

◆連我方都欺騙的策略祕訣是？

孫子有句話是說：「能而示之不能，用而示之不用，近而示之遠。」這就是伺機採取策略的祕訣。

不是直接與對手對峙，而是反其道而行，以欺騙的方式來對付敵人。有時甚至會連我軍一起欺騙，以便讓我軍更占優勢。這也就是所謂的兵法。

不擅長利用策略的人，首先要像孫子所說的那樣，抱持著「反其道而行」的想法。利用反其道而行的方式，就能出乎對手意料，採取衝擊性的行動。

如果對方的反應因為弱點受到攻擊而改變，那就能從中找到擺脫困境的辦法。

有時隱藏我方的意圖，會對自己更有利。不習慣打策略戰的人，請先從培養「反其道而行的想法」開始。

Q95

冷靜地做出合理的判斷

以此觀之，勝負見矣

◆老闆強烈的執著受到使用者的好評

具備合理判斷事物的能力，就能提前預測出是否能取得勝利。在商場上也一樣，**支持企業成長的不是單純的臆測或信仰，而是合理的判斷。**

經營女用美妝產品的S公司，以老闆獨創的哲學來展開事業。該公司販售化妝器具的態度，以合理有良心而聞名。

例如，在粉底盒必備的粉撲方面，根據國內外製造商的需求，準備了數十種不同類型的替換粉撲。最後得到的結果是，市占率得到大幅的提升。

此外，以消費者的角度來說，粉撲的價格應該要符合其作為消耗品的價值。不過，老闆堅持S公司只使用高價的日本產材料。

即使對方是大型超市，採購價也不會低於定價的百分之六十五。即使對方表示：「其他公司都是給六折，貴公司也……」S公司也會堅決地拒絕說：「我們家的商品不是靠價格在販售的。」

不僅如此，對於不善待商品的店家，就算對方會給予很大的曝光空間，S公司也會果斷地回收商品。

這種從創業時就一直堅持的態度，也得到使用者的好評，並且也讓S公司得以繼續穩定地經營下去。

◆保護你的存在

《孫子兵法》中有句話是說：「以此觀之，勝負見矣。」

在孫子的時代，人民習慣在戰前前往祭祀祖先的廟宇祈禱。只要在祖先的靈魂面前平心靜氣地思考，就能做出冷靜、合理的判斷。孫子將之稱為「廟算」。

廟算的概念是一種合理的習慣，不能和單純的信仰、迷信混為一談。藉由廟算或許就能看出是否有勝算。

若是再加上戰略，就能更有把握地獲得勝利。

如果能夠合理判斷事物，就能提前預測出是否能取得勝利。成功的關鍵在於冷靜地思考，而不是依賴臆測和信仰。

Q96

以擅長的領域來決勝負

能自保而全勝也

◆在沒有競爭對手的地方戰鬥

發揮優勢使戰況朝著對自己有利的方向發展，這是一切競爭的鐵律。在商場上也是如此，**打入可以發揮出自家公司優勢的領域，業績自然會提高。**

P公司在大眾眼裡不是很有名，但對於會去釣魚或騎自行車的人來說，是一間再知名不過的公司。因為釣魚用的捲線器和競速用腳踏車的齒輪，大多都是出自P公司的商品。

既然擁有這樣的技術，那應該可以發展連自行車本身都販售的自有品牌吧？但P公司並沒有這麼做。並不是說做不到，而是因為歐美已經有很多知名的品牌，即使打入市場也沒辦法成為市占率第一。

而且該公司將心力放在作為公司最大優勢的齒輪上。也就是說，要仔細地理解自己擅長的領域，並在競爭對手較少的地方戰鬥。

只有讓自家公司的優勢適應不斷改變的市場，企業才能獲得大幅的成長。

◆如果沒有敵人，就永遠都不會輸

孫子有句話是說：「能自保而全勝也。」也就是說，孫子的軍隊選擇沒有敵人的地方，因為沒有敵人，就不會輸，而且要澈底地執行到底。

此外，孫子還有一句話是說：「進而不可禦者，衝其虛也。」意思是說，我軍進軍時沒有展開防禦的敵人，那就代表我方正在攻擊對方防守薄弱的地方。

了解自家公司優勢的企業不少，但能活用優勢保持競爭力的企業並不多。

這是因為，當公司成長茁壯後，領導者就會在其他地方展現出野心。因此，必須再次認識到，在沒有敵人的優勢領域中決勝負有多麼重要。

讓自家公司的優勢適應不斷改變的市場，組織才能獲得大幅的成長。在沒有敵人的領域中戰鬥是非常重要的。

097 不要放不下身段

若決積水於千仞之溪者，形也

◆領導者的道歉會使情況好轉

領導者果斷的態度會達到顯著的效果。

領導者採取的道歉方式，在外交或協商等各種情況下都很重要。

原本就被認為很不擅長外交的日本，明明在海外援助等方面也投入了大量的資金，但由於開始得比較慢，常常會受到指責說「動作太慢、給得太少」等。這些都是外界對日本的評價。

此外，政治家和企業領導者也不善於表現，而且普遍都不願意低頭。他們一開始會試圖推卸責任，直到被逼到無計可施才道歉，但到了這種地步根本感覺不到道歉的誠意。

低頭道歉做得最完美的是前蘇聯總統戈巴契夫。他接連撤回蘇聯發表的「官方立場」，承認因為史達林主義而造成的卡廷大屠殺，並為此表達歉意。他還對滯留在西伯利亞期間去世的日本人表示追悼之意。

領導者果斷地道歉，有時會在外交或是協商方面讓己方比較有利。**最重要的是，不要在關鍵時刻放不下。**

◆洪水連巨大的岩石都能撼動

孫子曾說過：「若決積水於千仞之溪者，形也。」這句話是《孫子兵法》〈軍形篇〉的最後一段話。

這一部分孫子講的是戰略，為了贏得本來就該獲得的勝利，基本上要做的是做好避免輸掉的準備，並抓住對方的弱點。只要知道這點，就能以驚人速度取勝。

「決積水」是指打開蓄水的水壩，從高處傾瀉而下的水勢。

在進行道歉時，要懷著這樣的衝勁。因為，潺潺的流水連碎石都無法移動，但洪水連巨大的岩石都能夠撼動。

果斷的態度和行動，有時會讓事態好轉。最重要的是，不要在關鍵時刻放不下。

不要窮追猛打

歸師勿遏

◆有很多主管會嘮嘮叨叨地念個不停

若是對對方窮追猛打，可能會引發意料之外的反擊。

例如，在會議或協商時，如果**感情用事地對對方窮追猛打，矛頭反而會指向自己。**

常見的例子是，主管喋喋不休地責備已經認錯的下屬。不過，像這樣逼得太緊，下屬就會對主管產生反抗意識，不只是受到責備的人，連周圍的人也會主管產生反感。

主管或許只是想要提醒一下，但如果感情用事地責備對方，就會連自己都忘記原本的目的。

在會議上也是如此，當有人承認錯誤並收回自己的主張時，給予台階下才是明智之舉。

「我知道了，那這次就照這樣處理吧！」

聽到這句話後，只要坦率地回答「好的，謝謝」即可。如此一來，這個話題就會成為過去。

如果回答「上次我遇到貴公司的課長時，我告訴他社會就是互相妥協，所以這次我會退讓」之類的話，只會讓對方感到厭煩。

◆窮追猛打會遭遇意想不到的反擊

孫子有句話是說：「歸師勿遏。」這裡的「歸師」是指決定離開戰場的敵人。孫子表示在這一小節表示，不可以攻打幹勁十足的新銳敵人，不可以責備作為誘餌的士兵，此外，也不可以阻止打算離開戰場的敵人。

對於想要逃跑的士兵，直接放著不管就好，畢竟如果對他窮追猛打，不知道會遭到什麼樣的反擊。

對方屈服時，就代表自己的目的已經達成。

達到目的後，就要馬上後退一步。

這就是我們應該培養的成熟行為。

太過逼迫對方，就會遭到意料之外的反擊。達到目的後就要趕快收尾，培養成熟的作風。

Q29

在緊要關頭使用「紅色」

屈人之兵而非戰也

◆為什麼武田軍如此強大？

作為一位將軍，最好是在戰前創造出能讓對手屈服的情況。

在商場上也是如此，**可以試著利用某種心理效果來控制對方的心情。**

舉例來說，在戰國時期，人們敬畏地稱呼武田家的軍隊為「武田赤備」，而且武田赤備實力強大到連周邊的大名也甘拜下風。敵人光是看到他們身穿的紅色裝束，就會喪失戰意。

德川家康也因為武田軍而陷入苦戰。在取得天下後，德川家康學習了武田家的防守方式，並將這個技巧運用在幕府的防守上。武田家的強大自不用多說，德川家康這個舉動也證明了，武田家成功地利用了藉由取勝所獲得的名聲。

尤其是武田家所採用的「紅色」，據說這個顏色可以使他們看起來像是正在前進。當武田軍集合時，或許會讓人產生出紅色集團正在朝著自己前進的錯覺。如此一來，武田軍就能在戰前讓對手失去戰意。

此外，紅色不僅會對心理產生影響，據說在物理上還能夠提高體溫。從這點看來，在日本年長者之間流行的紅內褲健康法並非完全沒有根據。像這樣的色彩效果，其實可以活用於各種場合。

◆善用紅色的心理效果

《孫子兵法》中有句話是說：「屈人之兵而非戰也。」**不用開戰就能讓對手屈服的將軍，才是最優秀的領導者。**

在商業場合也是，利用紅色來塑造給人的印象。例如，繫上紅色的領帶，可以給人一種積極的印象。女性的話，穿著紅色套裝也是不錯的選擇，或是在小配件上活用紅色。請試著藉由紅色具有的心理效果來控制對方的心情。

【在商業場合上也要活用心理效果，利用塑造印象來獲得勝利。不進行無謂的戰爭就取勝，才是優秀領導者的證明。】

亂中有序

紛紛紜紜，鬥亂而不可亂也

◆不整理是有原因的

隨著ＩＴ化的發展，現在來到無紙化的時代。那些至今仍被大量文件埋沒的公司，以及將ＰＤＦ文件一一列印出來歸檔這種跟不上時代的人終將滅亡。

另一方面，也有一些領域正在積極減少文件，例如在建築相關的事務所，會將設計圖儲存在光碟中，而不是將圖紙放在大型的抽屜中。

此外，出版和廣告業也在盡量減少紙張使用量。實體店鋪也開始利用紙張以外的方式讓商品更醒目，例如價格標示電子化等。

在這樣的趨勢下，以價格低廉聞名的Ｄ商店卻反其道而行。在Ｄ商店裡，電池旁邊擺著寵物食品，雨衣附近放著洗髮水，洗髮水旁堆滿醃漬物。

類似尋寶般的陳列方式使顧客的內心受到刺激，並為購物帶來新的樂趣。前來購物的人在尋找特定商品的同時，也會帶著「有什麼好東西呢？」的心情四處逛逛。

這家店就這樣藉由雜亂的商品陳列方式，提供在叢林中「洄游」的樂趣。

◆混亂的情況也是作戰的一部分

《孫子兵法》中有句話是說：「紛紛紜紜，鬥亂而不可亂也。」其中，紛紛紜紜是指完全陷入混亂的樣子。

軍隊**乍看下可能很混亂，但這其實是一種為了將戰況引導至有利方向的作戰方式。**因為亂中有序，導致敵人難以招架。

Ｄ商店的想法也有類似之處。**故意讓店內呈現混亂的狀態，提供顧客前所未有的體驗。**改變購物定義的Ｄ商店，其受歡迎的程度讓其他商店望塵莫及。

故意使事情變得混亂也是戰術的一種。利用亂中有序創造出讓敵人難以作戰的環境。

後記

只要從戰略理論的角度來思考，其實很容易就可以理解《孫子兵法》。

以日本最具戰略性的武將之一織田信長為例。

戰略……天下布武（統一日本）。

戰術……以實力來任用人才。

作戰方法……從騎馬戰到槍戰。

在桶狹間之戰中，織田信長以僅僅兩千人的兵力擊敗了兵力規模為其十倍以上，擁有兩萬五千人兵力的今川義元。從他的戰略來看，並不存在投降這一選項。為了取勝，織田信長採取的戰術是，找出敵方將軍在哪裡布署軍隊的情報戰。作戰方式是，在豪雨中展開奇襲。於是，織田信長就這樣理所當然地贏了這場戰役。

眾所周知，《孫子兵法》是一本兵書，但我個人認為《孫子兵法》其實是一本讓人獲得幸福的哲學書。

戰略……想要實現的夢想是什麼？

戰術……實現夢想的方法是什麼？

作戰方法……具體要做的是什麼？

基本上不會有人會戰略性地生活。可能每一千人只有一個人，不，或許每一萬人中才有一個人也說不定。

但是從《孫子兵法》中學到的內容，可以直接運用在我們今後的日常生活中。

但願這本書可以成為實現各位人生夢想的一本書。

最後，我想對十八年前和我一起製作這本書的石野誠一顧問，以及讓這本書在新時代復活的石野榮一總經理表達衷心的感謝。

天才工廠股份有限公司代表　吉田浩

【作者簡歷】

吉田浩

1960年生於日本新瀉縣六日町。
童話作家，出版負責人。
畢業於法政大學、青山學院大學研究所。
親自撰寫的童話和商業書籍大約有200本。
代表作為《日本村100人の仲間たち》（辰巳出版等），已銷售46萬冊。
37年來參與2400本書的出版、製作。
共有4本的銷售量超過百萬，其中2本是《低インシュリンダイエット》和《動物キャラナビ》
累積銷售量分別為160萬冊和450萬冊。
此外，還有66本的銷售量超過10萬冊。

【出版方面的社會企業】

創立NPO法人「企画のたまご屋さん」，並擔任會長。
另有創立以學生為主的暢銷書出版會「PICASO」，
以及以大學生為主的全國性出版大會「出版甲子園」。

【講師資歷】

「日本早稻田大學 Open College」、「編輯學校、文章學校」、「日本國際商業大學」等。

【監修簡歷】

渡邉義浩

1962年生於日本東京都，文學博士，專攻「古典中國」領域。現任日本早稻田大學理事、文學學術院教授、學校法人大隈記念早稻田佐賀學園理事長。
著有《後漢国家の支配と儒教》（雄山閣出版）、《三国政権の構造と「名士」》、《後漢における「儒教国家」の成立》、《西晋「儒教国家」と貴族制》、《「古典中国」における文学と儒教』》、《三国志よりみた邪馬台国》（汲古書院）、《「三国志」の政治と思想》、《儒教と中国—「二千年の正統思想」の起源》（講談社選書métier）、《三国志の女性たち》、《三国志の舞台》（山川出版社）、《関羽—神になった「三国志」の英雄》（筑摩選書）、《三国志—演義から正史そして史実へ》、《魏志人伝を読む》（中公新書）、《三国志—英雄たちと文学》（人文書院）、《三国志辞典》（大修館書店）等。
以譯書《全後漢書》（全十九集，汲古書院）獲得大隈紀念學術獎。

職場孫子兵法

3小時讀懂孫子的職場生存奧義

出　　版／楓書坊文化出版社
地　　址／新北市板橋區信義路163巷3號10樓
郵 政 劃 撥／19907596　楓書坊文化出版社
網　　址／www.maplebook.com.tw
電　　話／02-2957-6096
傳　　真／02-2957-6435
作　　者／吉田浩
監　　修／渡邉義浩
翻　　譯／劉姍珊
責 任 編 輯／王綺
內 文 排 版／謝政龍
港 澳 經 銷／泛華發行代理有限公司
定　　價／380元
初 版 日 期／2022年5月

國家圖書館出版品預行編目資料

職場孫子兵法：3小時讀懂孫子的職場生存奧義 / 吉田浩作；劉姍珊譯. -- 初版. -- 新北市：楓書坊文化出版社, 2022.05　面；　公分

ISBN 978-986-377-775-5（平裝）

1. 孫子兵法　2. 研究考訂　3. 職場成功法

494.35　　111003245